环保科普丛书　"十三五"国家重点图书出版规划项目

农业污染防治知识问答

NONGYE WURAN FANGZHI
ZHISHI WENDA

环境保护部科技标准司
中国环境科学学会　主编

中国环境出版集团·北京

图书在版编目（CIP）数据

农业污染防治知识问答 / 环境保护部科技标准司，中国
环境科学学会主编 . -- 北京：中国环境出版集团，2018.9
（环保科普丛书）
ISBN 978-7-5111-3209-3

Ⅰ. ①农… Ⅱ. ①环… ②中… Ⅲ. ①农业环境污染－
污染防治－中国－问题解答 Ⅳ. ① X71-44

中国版本图书馆 CIP 数据核字 (2017) 第 130542 号

出 版 人	武德凯
责任编辑	沈　建　董蓓蓓
责任校对	任　丽
装帧设计	宋　瑞

出版发行　中国环境出版集团
　　　　　（100062 北京市东城区广渠门内大街 16 号）
　　　　　网　　址：http://www.cesp.com.cn
　　　　　电子邮箱：bjgl@cesp.com.cn
　　　　　联系电话：010-67112765（编辑管理部）
　　　　　发行热线：010-67125803，010-67113405（传真）

印　　刷	北京中科印刷有限公司
经　　销	各地新华书店
版　　次	2018 年 9 月第 1 版
印　　次	2018 年 9 月第 1 次印刷
开　　本	880×1230　1/32
印　　张	5.5
字　　数	128 千字
定　　价	28.00 元

《环保科普丛书》编著委员会

《农业污染防治知识问答》
编委会

主　　编：徐海根　陈永梅

副 主 编：李维新　卜元卿　卢佳新

编　　委：（按姓氏拼音排序）

　　　　　丁程成　焦少俊　孔祥吉　王　霞　王明慧

　　　　　解卫华　杨　勇　张后虎　张静蓉　张胜田

　　　　　赵　欣　朱　琳

编写单位：中国环境科学学会

　　　　　中国环境科学学会重金属污染防治专业委员会

　　　　　国家环境保护汞污染防治工程技术中心

　　　　　中国科学院北京综合研究中心

　　　　　沈阳环境科学研究院

绘图单位：北京点升软件有限公司

《环保科普丛书》

我国正处于工业化中后期和城镇化加速发展的阶段，结构型、复合型、压缩型污染逐渐显现，发展中不平衡、不协调、不可持续的问题依然突出，环境保护面临诸多严峻挑战。环保是发展问题，也是重大的民生问题。喝上干净的水，呼吸上新鲜的空气，吃上放心的食品，在优美宜居的环境中生产生活，已成为人民群众享受社会发展和环境民生的基本要求。由于公众获取环保知识的渠道相对匮乏，加之片面性知识和观点的传播，导致了一些重大环境问题出现时，往往伴随着公众对事实真相的疑惑甚至误解，引起了不必要的社会矛盾。这既反映出公众环保意识的提高，同时也对我国环保科普工作提出了更高要求。

当前，是我国深入贯彻落实科学发展观、全面建成小康社会、加快经济发展方式转变、解决突出资源环境问题的重要战略机遇期。大力加强环保科普工作，提升公众科学素质，营造有利于环境保护的人文环境，增强公众获取和运用环境科技知识的能力，把保护环境的意

I

识转化为自觉行动，是环境保护优化经济发展的必然要求，对于推进生态文明建设，积极探索环保新道路，实现环境保护目标具有重要意义。

国务院《全民科学素质行动计划纲要》明确提出要大力提升公众的科学素质，为保障和改善民生、促进经济长期平稳快速发展和社会和谐提供重要基础支撑，其中在实施科普资源开发与共享工程方面，要求我们要繁荣科普创作，推出更多思想性、群众性、艺术性、观赏性相统一，人民群众喜闻乐见的优秀科普作品。

环境保护部科技标准司组织编撰的《环保科普丛书》正是基于这样的时机和需求推出的。丛书覆盖了同人民群众生活与健康息息相关的水、气、声、固废、辐射等环境保护重点领域，以通俗易懂的语言，配以大量故事化、生活化的插图，使整套丛书集科学性、通俗性、趣味性、艺术性于一体，准确生动、深入浅出地向公众传播环保科普知识，可提高公众的环保意识和科学素质水平，激发公众参与环境保护的热情。

我们一直强调科技工作包括创新科学技术和普及科学技术这两个相辅相成的重要方面，科技成果只有为全社会所掌握、所应用，才能发挥出推动社会发展进步的最大力量和最大效用。我们一直呼吁广大科技工作者大力普及科学技术知识，积极为提高全民科学素质做出贡献。现在，我们欣喜地看到，广大科技工作者正积极投身到环保科普创作工作中来，以严谨的精神和积极的态度开展科普创作，打造精品环保科普系列图书。衷心希望我国的环保科普创作不断取得更大成绩。

丛书编委会

二〇一二年七月

前言

　　农业是人类衣食之源、生存之本。农业不仅为我们带来了粮食、果蔬、茶、棉和肉、蛋、奶等各种各样丰富的农产品，也实现了我们对"采菊东篱下，悠然见南山"的田园生活的向往，春天赏油菜花、夏天采摘葡萄、秋天湖畔垂钓、冬天山林踏雪早已成为都市人放飞心灵的新途径。

　　然而，传统农业片面追求农产品产量，存在农业投入品（化肥、农药、饲料添加剂……）投入过多、农业废弃物（作物秸秆、畜禽粪便、农村污水……）处理不当等问题，不仅影响农产品质量，人们甚至发现有些地方山不绿了、水不清了、花不开了、鸟不叫了……人们开始疑虑粮食和果蔬是否有农药，肉蛋奶是否有抗生素，田野的水和空气是不是洁净……

　　农业污染究竟是什么？对人类健康和环境有哪些危害？作为一个普通人我们能做些什么呢？这是大家对农业污染普遍关心和困扰大家的问题。基于此，本书力求全面介绍农业污染防治方面的相关知识，包括农业污染类型、来源、危害等基础知识，以及农药、肥料、农膜、秸秆废弃物等环境污染和健康危害，介绍国内外农业污染防治管理的基本制度和技术规范，努力使公众科学认识农业污染，建立农业投入品科学使用、农业废弃物合理利用、农产品安全客观认识和农业环境理性开发的正确理性观念。

V

农业污染来源虽然广泛、种类多样，但农业污染并非难以防控，理解并适应新的技术农业生产的本质和目的，提高公民科学素养，做一个科学理性的现代公民，共同维护农业环境，这是我们大家面临的一个重要的与科学素质教育相关的选择，也是科学界和政府部门需要不断提升科学普及的意义之所在。

　　在本书的编写过程中，环境保护部南京环境科学研究所委派专家参与编写工作，在此致以衷心感谢！

　　由于水平有限、时间仓促，书中缺点错误在所难免，敬请专家、读者批评指正。

编　者

二〇一八年二月

目录

VIII

第四部分　农膜污染及防治　77

第五部分 农业生产废弃物处置与利用 99

第七部分　公众参与　147

农业污染防治

NONGYE WURAN FANGZHI

ZHISHI WENDA

知识问答

第一部分
基础知识

1. 什么是农业污染?

农业污染是指农村地区在农业生产和居民生活过程中产生的、未经合理处置的污染物对水体、土壤和空气及农产品造成的污染。导致如水质恶化、水体富营养化、空气质量下降、土壤生产力降低、土壤生态系统破坏或食品安全等问题的产生。

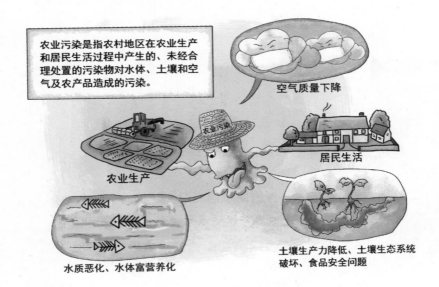

2. 农业污染物包括哪些种类?

农业污染物具有位置、途径、数量不确定,随机性大,发布范围广,防治难度大等特点。按照来源可分为两类:一是农村居民生活废物;二是农村农作物生产废物,包括农业生产过程中不合理使用而流失的农药、化肥,残留在农田中的农用薄膜和处置不当的农业畜禽粪便、恶臭气体以及不科学的水产养殖等产生的水体污染物。

> 农业污染物具有位置、途径、数量不确定，随机性大，发布范围广，防治难度大等特点。按照来源可分为两类：一是农村居民生活废物；二是农村农作物生产废物。

3. 农业污染源有哪些?

农业污染源主要包括以下四类:

（1）种植业污染源：主要是农药、化肥、农膜、秸秆产生的污染。

（2）畜禽养殖业污染源：主要是猪、牛、羊、鸡、鸭等畜禽在养殖过程中产生的畜禽粪便和污水。

（3）水产养殖业污染源：主要是鱼、虾、蟹等在养殖过程中产生的污染物。

（4）居民生活污染源：主要是进入农田的生活垃圾。

种植业污染源

畜禽养殖业污染源

农业污染源

水产养殖业污染源

居民生活污染源

4. 农业污染的危害有哪些？

农业污染的危害主要包括四个方面：

（1）给水体、土壤、大气等带来破坏性影响。

（2）对生物和生态系统功能产生严重影响。

（3）农产品污染对食品安全和人体健康构成严重威胁。

（4）带来农产品质量安全问题，影响农产品出口。

5. 农业环境污染如何分类和分级?

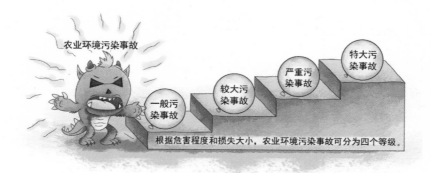

农业污染按环境要素可分为大气污染、水污染、土壤污染三大类;按环境污染的性质、来源可分为化学污染、生物污染、物理污染(噪声污染、放射性、电磁波)。

根据危害程度和损失大小，农业环境污染事故可分为四个等级：特大污染事故、严重污染事故、较大污染事故和一般污染事故。

6. 什么叫农业投入品?

农业投入品是指农产品在生产、储藏或初加工过程中使用的能够影响农产品产量、质量和保质期的有机、无机、生物性物质。如种子、肥料、灌溉水、农药、兽药、激素、添加剂等。按性质可将农业投入品分为六类：种子类、肥料类、农药类、激素类、饲料类、添加剂类。

7. 农业投入品是否可能会带来污染?

科学安全地使用农业投入品是保障农产品质量安全的重要环节，对改善生态环境、促进经济发展有重大作用。反之，当某些农业化学投入品（如农药、兽药、渔药、化肥等）使用不当时，则会带来相应的污染，引发水体、土壤、大气环境恶化，食品中农残超标，人畜中毒等严重后果。

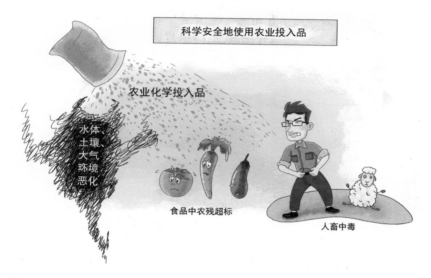

8. 我国农业污染的主要类型有哪些？

我国农业污染已给农业生态环境乃至社会经济的可持续发展亮起了红灯。根据产生来源和污染物性质，农业污染可分为三类：

（1）现代化农业生产造成的各类面源污染。

（2）乡镇企业和集约化养殖场造成的点源污染。

（3）农民聚居点的生活污染。

9. 我国农业污染的发展趋势如何?

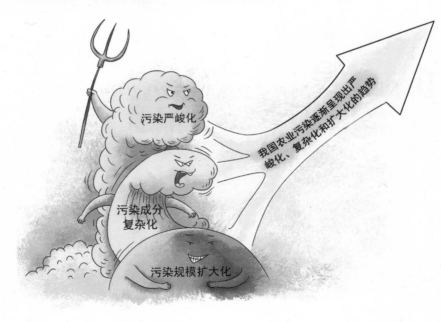

我国农业污染逐渐呈现出严峻化、复杂化和扩大化的趋势：

（1）污染严峻化：随着农业规模化和养殖业集约化的大力发展，农业污染状况将会越来越严峻，逐渐成为全国环境污染的重要因素。

（2）污染成分复杂化：农业污染物除了含有有机质外，更含有较高的氮、磷营养，还有日益复杂多样的痕量毒害性化学品与生物激素。

（3）污染规模扩大化：农业污染作用于水体、大气、土壤及农畜产品，将损害到区域性生态系统平衡。

10. 如何从源头预防农业污染？

源头控制是预防农业污染的有效措施。

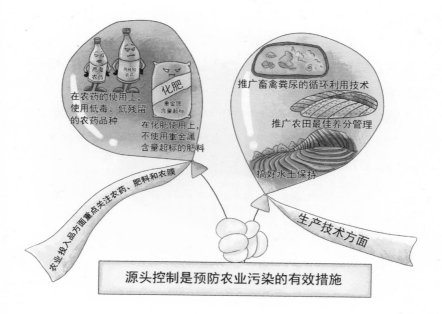

（1）农业投入品方面重点关注农药、肥料和农膜：

① 在农药的使用上，使用低毒、低残留的农药品种；杜绝已经明确禁用的高毒、高残留农药；对允许使用的农药，也要把握好施用量和施用时期；同时要大力推广生物农药，采用病虫害综合治理技术，推广使用新药械、新剂型提高药物的利用效率，减少对生态环境的负面影响。

② 在化肥使用上，不使用重金属含量超标的肥料；推广平衡施肥技术，提高肥料利用率；大力推广应用有机肥、生物肥和秸秆还田技术；人畜粪肥在鲜食农产品收获前的一定时期内不得施用，防止有害病菌对农产品的污染。

（2）生产技术方面：

① 推广畜禽粪尿的循环利用技术：发展规模化养殖，集中处理畜禽粪便，将种植业、养殖业与沼气使用相结合，沼液替代传统农药浸种，沼液、沼渣培肥土壤，减轻化肥和农药的投入量。

② 推广农田最佳养分管理：杜绝农田氮、磷肥料的过量施用，平衡养分投入和产出，减少流失量。

③ 搞好水土保持：禁止陡坡耕作（坡度＞25°），作物残茬管理，设置缓冲带和边缘区，修筑梯田，等高线耕作，覆盖种植，采用免耕、少耕、间套复种技术等。

农业污染防治

NONGYE WURAN FANGZHI

ZHISHI WENDA

知识问答

第二部分
农药污染及防治措施

11. 什么是农药？它包括哪几类？

农药是用于预防、消灭或者控制危害农业、林业的病、虫、草和其他有害生物，以及有目的地调节植物、昆虫生长的物质。农药可以是化学合成的，也可以是来源于生物及其他天然物质的一种物质或者几种物质的混合物及其制剂。

农药是用于预防、消灭或者控制危害农业、林业的病、虫、草和其他有害生物，以及有目的地调节植物、昆虫生长的物质。

按化学结构分类

按防治对象分类

按来源分类

农药品种很多，其分类方式主要有以下几种：

（1）按防治对象分类，可分为杀虫剂、杀螨剂、杀软体动物剂、杀线虫剂、杀菌剂、除草剂、植物生长调节剂、杀鼠剂等。

（2）按来源分类，可分为矿物源农药（无机农药）、化学农药（有机合成农药）、生物源农药、植物源农药、生物化学农药、转基因生物、天敌生物等。

（3）按化学结构分类，从大的方面可以分为无机化学农药和有机化学农药。目前无机化学农药品种很少，而有机化学农药的类别比较多。大致可分为：有机氯类、有机磷类、拟除虫菊酯类、氨基甲酸酯类、取代苯类、有机硫类、卤代烃类、酚类、羧酸及其衍生物类、取代醇类、季铵盐类、醚类、苯氧羧酸类、酰胺类、脲类、磺酰脲类、三氮苯类、脒类、有机金属类以及多种杂环类等。

12. 农药对环境的影响有哪些？

农药是消灭病、虫、草害的有效药物，在农业的增产、保收和保存，以及人类传染疾病的预防和控制等方面具有重用意义。但农药使用不当也会对环境和生态产生不良后果，其主要表现为：

（1）农药不仅对害虫有杀伤毒害作用，同时对害虫的"天敌"或其他有益环境的生物也有杀伤作用，进而破坏自然界的生态平衡。

（2）农药的大量、反复使用，导致害虫抗药性增强，为了达到防治效果，只有通过不断加大农药的使用量和使用次数来达到除害的目的，这就加剧了化学农药对环境的影响。

（3）长期过量使用农药，导致农药在环境中的残留量不断增加，对水体、土壤和大气环境产生污染。

（4）环境中残留的农药，由于生物富集和食物链传递，积少成多，不仅危害环境有益生物，而且会通过食物链威胁人体的健康。

13. 我国农药品种和质量的现状和发展趋势如何？

我国农药品种总体表现为品种老化、创新型新品种少、产品结构不合理。

我国农药品种

其他 4%
杀菌剂 10%
杀虫剂 70%
除草剂 16%

发达国家农药品种

杀菌剂 18%
杀虫剂 30%
除草剂 45%～48%
其他 4%～7%

我国农药品种总体表现为品种老化、创新型新品种少、产品结构不合理。我国可生产的农药品种约 200 种，其中产量较大的基本品种有十余种。我国农药生产中，以杀虫剂生产为主，占总产量的70%，除草剂发展尽管较其他农药快，也仅占总产量的 16%，杀菌剂仅占 10%，这与发达国家差距较大。在发达国家农药结构中，一般杀虫剂占 30%，除草剂占 45%～48%，杀菌剂占 18%。

我国农药质量与发达国家相比，仍存在工艺技术落后，产品质量较差的问题。在微机自控、高效催化、高度纯化、定向主体合成、生物技术应用等方面与发达国家水平相差 20～30 年。工艺技术的落后，造成我国农药产品质量差，不少产品原药含量较国外先进水平低5%～10%。国外农药制剂加工已向无溶剂、水基、固体化发展，而我国仍以乳油、可湿性粉剂、粉剂、水剂为主，大量的甲苯、二甲苯作为溶剂施于田间，不仅浪费资源，也对环境造成严重影响，同时大量低水平的混合制剂，严重影响了农药产品质量的稳定提高。

近年来我国农药工业总体发展速度加快，农药发展方向是开发高效（亩用药量低）、安全（对人畜、环境安全）、经济（用药成本低）和使用方便（高效剂型）的新品种，同时调整产品结构，提高生产技术水平和产品质量。

14. 农药污染方式分为哪几种?

（1）直接污染：指对作物直接使用农药，造成农药在农产品中残留。例如，叶菜类蔬菜的食用部分菜叶就是农药的直接受体，叶菜的受药部位的比表面积较大，施药时承载农药量大，如果食用时清洗不当，极易造成所食用的蔬菜农药残留量超标；对于瓜果类蔬菜，虽然可食用部分的比表面积较小不易残留农药，但常常也会由于采收期间多次交叉施用杀虫剂和杀菌剂致使瓜果部位的农药承载量增加，也是农药对农产品直接污染的原因之一；对于粮食作物，成熟期时对稻或麦的穗部施药，直接造成米或麦粒的农药污染等。

（2）间接污染：指作物从污染的空气、土壤和水源等吸收农药，形成农产品农药残留，通过食物链和生物富集污染食品。农田喷洒农药后，一般只有 10%～20% 是吸附或黏着在农作物茎、叶、果实表面，起杀虫或杀菌作用，而其他大部分农药进入空气、水和土壤中，成为环境污染物。农作物会长期从污染的环境中吸收农药，尤其是从土壤和灌溉水中吸收农药。例如，对于叶菜类蔬菜一般间接污染来源于前茬残留于土壤中的农药，某些农药由于具有较长的半衰期和较强的内吸性，后茬作物通过根部吸收导致叶部残留农药；对于粮食作物和油料作物，由于其生物学特点和主要害虫的习性，常施用内吸性和强渗透性的农药，这样就会导致农药通过内吸（或渗透）传导而积累于籽粒，对籽粒造成间接污染。此外，农药还可通过食物链富集，如通过生物富集作用，在水生生物中农药的含量较水体本身高几十倍，而靠水生生物为生的鸟类中农药的含量则高达数百倍甚至数万倍。

15. 导致和影响农药残留的因素有哪些？

（1）农药本身的性质。包括内吸性、挥发性、水溶性、吸附性等，直接影响农药在环境中的降解能力。

（2）环境因素。包括温度、光照、降水量、酸碱度及土壤有机质含量、植被状况、微生物等，在不同程度上影响着农药的降解速度。

（3）农药的使用方法。一般来讲，乳油、悬浮剂等用于直接喷

洒的剂型对农作物的污染相对较大，粉剂则由于其容易飘散而对环境
和施药者的危害更大。

16. 农药对人体的危害有哪些？

农药对人体的危害主要表现为三种形式：急性中毒、慢性危害
和"三致"效应。

急性中毒　　"三致"效应

慢性危害

农药对人体的危害主要表现为三种形式：
急性中毒、慢性危害和"三致"效应。

（1）急性中毒。

农药经口、吸呼道或皮肤直接接触而大量进入人体内，在短时
间内表现出的急性病理反应为急性中毒。急性中毒往往造成大量个体
死亡，成为最明显的农药危害。2013 年 7 月 16 日，印度北部比哈尔
邦一所小学发生有机磷农药中毒事件，造成 24 人死亡。据世界卫生

组织和联合国环境规划署报告，全世界每年有 300 多万人农药中毒，其中 20 万人死亡，发展中国家情况更为严重。

（2）慢性危害。

长期接触或食用含有农药的食品，可使农药在体内不断蓄积，对人体健康构成潜在威胁。有机氯农药滴滴涕（DDT）能干扰生物体和人体内激素的平衡，影响生物和人类生育力，已被禁用多年，但 1983 年，我国哈尔滨市卫生部门对 70 名 30 岁以下的哺乳期妇女进行调查，发现她们的乳汁中都含有微量的六六六和 DDT。

（3）"三致"效应（致癌、致畸、致突变）。

农药的"三致"效应就是农药使生物致癌、致畸、致突变。1989—1990 年，匈牙利西南部仅有 456 人的林雅村，在生下的 15 名活婴中，竟有 11 名为先天性畸性，占 73.3%，其主要原因就是孕妇在妊娠期吃了被敌百虫污染的鱼。

17. 农药对鸟类的危害有哪些？

由于农田、果园、森林、草地等大量使用化学农药，给鸟类带来了严重的危害。这些危害主要有两个方面：

（1）急性中毒。当鸟类体内蓄积的农药达到一定量时会产生中毒现象，严重时会导致鸟类中毒致死（包括急性中毒致死）。例如，呋喃丹是防治地下害虫的高效药剂，但它对鸟类也具有很强的毒害作用。一只鸣鸟只要误食一粒呋喃丹药粒就足以致死。

（2）鸟类繁殖损伤。1968—1978 年，对加利福尼亚圣巴巴拉西部捕获的 856 只海鸥进行解剖，发现雌雄比例为 0.26，1978—1981 年在密西根湖东部，发现雌雄比例仅为 0.006 ～ 0.01，严重伤害鸟类的繁殖。查找原因，发现以上地区 20 世纪 50—70 年代曾大量使用有机氯农药滴滴涕。滴滴涕农药具有环境激素效应，鸟类长期暴露于滴滴涕农药环境，其性行为方式、生长、代谢、繁殖等能力都会受到严重影响。

鸟类繁殖损伤

1968-1978年   1978-1981年

0.26   1   0.006～0.01   1

农田、果园、森林、草地等大量使用化学农药，给鸟类带来了严重的危害。

呋喃丹

急性中毒

18. 农药对昆虫的危害有哪些?

昆虫是地球上数量最多的生物种群，全世界有 100 多万种昆虫，其中对农林作物和人类有害的昆虫只有数千种，真正对农林业能造成严重危害且每年需要防治和消灭的仅有几百种。然而，杀虫剂往往具有广谱的杀虫作用，过量或不合理使用化学农药，在杀灭害虫的同时，不可避免地会杀死大量有益昆虫，不仅破坏了生态系统的种间平衡关系，而且使昆虫多样性趋于贫乏，进而对农业生产造成不利影响。

杀虫剂往往具有广谱的杀虫作用，过量或不合理使用化学农药，在杀灭害虫的同时，不可避免地会杀死大量有益昆虫。

19. 农药对土壤生物的危害有哪些?

农药对土壤生物的危害

对土壤微生物产生影响

对土壤动物产生影响

土壤生物是栖居在土壤中的活生命体，主要包括土壤微生物和土壤动物两大类。前者包括细菌、放线菌、真菌、藻类和原生动物类群；后者主要包括环节动物、节肢动物、软体动物、线形动物等。农药对土壤生物的影响主要表现在：

（1）对土壤微生物的影响。

微生物是自然界物质循环的分解者，参与物质氧化、硝化、氨化、固氮、硫化等过程，促进土壤有机质的分解和养分的转化。杀菌剂对土壤微生物影响较大，它们不仅杀灭或抑制植物病原微生物，同时也危害土壤中的有益微生物，如硝化细菌和氨化细菌。

（2）对土壤动物的影响。

土壤动物是小型哺乳动物和鸟类的重要食物来源。进入土壤中的农药能杀死某些土壤动物，使其数量减少，甚至种群濒于灭绝。蚯蚓是土壤中最重要的无脊椎动物，它对保持土壤的良好结构和提高土壤肥力有着重要意义，但有些高毒农药，如阿维菌素、啶虫脒、烯啶虫胺等能在低剂量、短时间内杀死蚯蚓。

20. 农药对水生生物的危害有哪些？

据统计，我国每年使用农药量达 50 万～ 60 万 t，其中一部分农药随农田排水或雨水径流等途径进入水体，残留于水体中的农药可能对水生生物和生态系统造成毒害和破坏。农药对水生生物的危害主要包括以下三个方面：

（1）急性毒性。

急性毒性是指水生生物在短时间内接触农药或短时间染毒后立即产生的有害效应或死亡。例如，氟虫腈是 20 世纪 80 年代德国开发的一种新型苯基吡唑类杀虫剂，防治水稻、棉花、蔬菜等多种作物害虫的药效良好。但氟虫腈对水生生物虾、蟹的毒性极高。水稻田喷洒氟虫腈农药后，由于稻田水流入附近鱼塘，会导致鱼塘中的沼虾、青虾、螃蟹 10 d 内全部死亡。

（2）慢性毒性。

慢性毒性是指农药对水生生物长期低剂量作用后所产生的毒性。长期暴露于农药会导致水生生物发生一系列生理和生化变化，影响体内的酶活性、蛋白质和糖原的合成、呼吸率，等等。有研究表明，亚致死剂量下甲氰菊酯对斑马鱼肝胰脏 GPT、GOT、SOD 活性有明显诱导效应，在高浓度和长时间暴露下诱导效应降低。

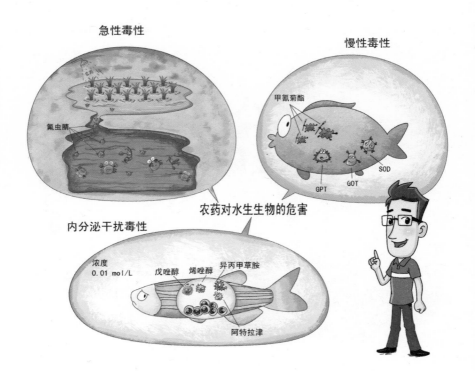

（3）内分泌干扰毒性。

一些农药品种具有内分泌干扰作用，通过摄入、积累等各种途径进入生物体后，并不直接给水生生物带来异常影响，而是起到类似雌激素的作用，在含量极低时使生物体的内分泌失衡，出现种种异常现象。例如，周炳等发现戊唑醇、烯唑醇、异丙甲草胺和阿特拉津四种农药对斑马鱼胚胎发育有危害影响，在 0.01 mol/L 浓度下，四种农药对斑马鱼胚胎具有明显的致死、致畸与抑制发育等影响。

21. 土壤中的农药残留对农作物有哪些影响？

农作物吸收土壤农药与农药种类和土壤类型有关，一般水溶性农药植物容易吸收，而脂溶性农药因被土壤强烈吸附而使植物不易吸收；砂质土中的残留农药比黏质土壤中的残留农药更易被作物吸收。

土壤中的农药可通过植物的根系吸收转移至植物组织内部和食物中。

农药

土壤中的农药可通过植物的根系吸收转移至植物组织内部和食物中，土壤中农药污染量越高，农作物中的农药残留量也越高。土壤中的农药残留对农作物的危害主要包括以下几个方面：

（1）土壤残留农药有可能抑制农作物的正常生长，如不合理地使用甲磺隆、氯磺隆等除草剂，会导致收茬作物无法正常发芽、生长、分蘖、成熟，药害事故频繁，经常引起大面积减产甚至绝产，严重影响了农业生产。

（2）农作物从土壤中吸收农药并富集在体内，导致农产品质量下降，农药残留超过食品安全标准时还会对人类健康产生危害，如滴滴涕、六六六等有机氯积累到一定数量和程度会造成慢性中毒。

（3）农药残留还会导致害虫、病菌产生抗药性，导致农药治虫、防病失去作用，从而导致农作物产量减少，造成巨大的经济损失。

22. 农药通过哪些途径污染食品？

农药污染食品主要通过以下几种途径：

（1）作物喷洒：喷洒在作物上的农药，会直接污染食用作物，农药在食用作物上的残留受农药的品种、浓度、剂型、施用次数、施用方法、施用时间、气象条件、植物品种及生长发育阶段等多种因素的影响。

（2）作物根部吸收：喷洒农药后有 40% ～ 60% 的农药降落在土壤中，土壤中的农药可通过作物的根系吸收、转移至作物组织内部和食物中。通常农药被吸收后，在作物体内的分布量：根＞茎＞叶＞果实。

（3）降水：喷洒农药后，一小部分农药以极细的微粒长时间飘浮于大气中，随雨、雪降落到土壤和水域，也能造成食品的污染。

（4）食物链富集：农药对水体造成污染后，使水生生物长期生活在低浓度的农药中，水生生物通过多种途径吸收农药，通过食物链可逐级浓缩放大。

（5）食品与农药混放：食品在储存中与农药混放，尤其是粮仓中使用的熏蒸剂没有按规定存放，导致食品受到农药污染。食品在运输中由于运输工具、车船等装运过农药未予清洗，也可引起农药污染。

食品与农药混放

作物喷洒

粮食

农药

农药污染食品的
五种主要途径

作物根部吸收

降水

食物链富集

23. 农药残留对食品安全会产生什么影响？

自从人类大量使用农药以后，各种农副产品（指各种农作物产品及畜禽鱼奶蛋类）的农药残留问题越来越突出，给人体健康带来了直接或间接的危害。农药对食品安全构成的威胁最主要的就是农药残留超标。农药残留问题普遍存在，尤其是在蔬菜、水果、茶叶等农产品中更为明显。

消费者选购蔬菜时，可以有针对性地选择一些不易感染病害的蔬菜，如茴香苗、茼蒿、圆白菜、苋菜、芹菜、辣椒等，这些蔬菜施药相对较少。

食品中农药残留的危害主要分为急性危害、慢性危害和"三致"效应三个方面。例如 2010 年海南省毒"豇豆事件"，就是使用了国家禁用的剧毒农药（水胺硫磷、甲胺磷等）而导致的中毒。

通常食品中农药残留量只要符合国家标准要求，就不足以对人体健康造成损害。消费者选购蔬菜时，可以有针对性地选择一些不易感染病害的蔬菜，如茴香苗、茼蒿、圆白菜、苋菜、芹菜、辣椒等，这些蔬菜施药相对较少。或者选购与农药不直接接触的蔬菜可食用部位，如藕、马铃薯、芋头、胡萝卜等。另外有节制地、不过度食用偏爱食品也是避免农药残留风险的有效途径。

24. 食前去除残留农药的方法有哪些？

（1）浸泡水洗法：水洗是清除蔬菜、瓜果上残留农药的基础方法，主要用于叶类蔬菜，如菠菜、韭菜、生菜、小白菜等。一般先用水冲洗掉表面污物，然后用清水浸泡，但浸泡时间不宜超过 10 min，以免表面残留农药渗入蔬菜内。果蔬清洗剂可增加农药的溶出，所以浸泡时可加入少量果蔬清洗剂。浸泡后要用流水冲洗 2 ～ 3 遍。

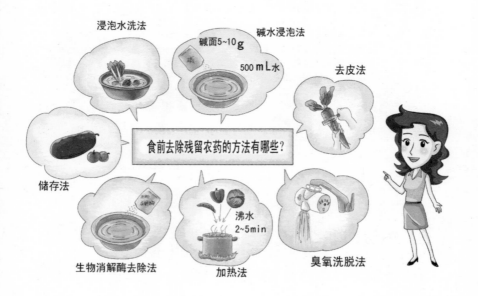

（2）碱水浸泡法：先将蔬菜、瓜果表面污物冲洗干净，浸泡到碱水中（一般 500 mL 水中加入碱面 5 ～ 10 g）5 ～ 15 min，然后用清水冲洗 3 ～ 5 遍，可有效去除有机磷杀虫剂。

（3）去皮法：蔬菜瓜果表面农药量相对较多，去皮是一种较好的去除残留农药的方法。去皮法可用于苹果、梨、猕猴桃、黄瓜、胡萝卜、冬瓜、南瓜、西葫芦、茄子、萝卜等。处理时要防止去过皮的蔬菜瓜果混放，避免再次污染。

（4）臭氧洗脱法：用市售的臭氧或臭氧水发生器清洗和浸泡各类蔬菜、瓜果，简单易行，安全可靠，清洗和浸泡时间为10～20 min，一般可清除大部分残留农药。

（5）生物消解酶去除法：去除蔬果残留农药时，于清水中加入一些生物消解酶，浸泡蔬果8～15 min，浸泡后要用流水冲洗2遍。

（6）储存法：农药在环境中随着时间延长能够缓慢地分解为对人体无害的物质。所以，对易于保存的苹果、猕猴桃、冬瓜等瓜果、蔬菜可通过一定时间的存放来减少农药残留。

（7）加热法：对于可以热加工的蔬菜，如芹菜、菠菜、小白菜、圆白菜、青椒、菜花、豆角等，可先用清水将表面污物洗净，放入沸水中2～5 min后捞出，然后用清水冲洗1～2遍，即可有效去除氨基甲酸酯类杀虫剂。

根据实际情况，以上几种方法联合使用会起到更好的效果。

25.农药使用时应注意哪些问题？

农药使用主要应注意浓度、用量和施药次数三个关键问题。在单位面积上施药浓度过高或者用药量过大，不仅造成农药的浪费，而且还可能伤害作物；反之，在单位面积上施药浓度太低或者用药量过小，则又不能达到防治的目的，同样会造成人力、物力的浪费，甚至会引起病虫产生抗药性。因此，施药时要参照农药说明书和农药手册所介绍的使用浓度和用药量来施用。

施药次数可根据病虫发生期、发生数量及药剂有效期（半衰期）

而定。一般来说，病虫发生期长、发生量大的，要增加施药次数。

26. 目前造成农药过量使用的主要问题有哪些？

农药过量使用的原因有很多，主要包括以下三个方面：

（1）最小施药量难以规定。由于不同品种的农药、不同的施药对象的最小施药量都不一样，因此规定不同农药对不同施药对象的最小施药量是很困难的。

（2）农民缺乏判定合适用药量的能力。农民在施药时只追求农药对病虫害的"致死率"，因而为了保证药效，喷洒的农药往往是需要量的数倍。

（3）施药器械落后。农民常用的施药器械相对落后，跑、冒、滴、漏等现象普遍存在，影响农药在防治对象上的有效附着，导致施药地区周围环境污染严重。

最小施药量难以规定

农药过量使用的原因

施药器械落后

农民缺乏判定合适用药量的能力

27. 明令禁止使用的农药品种有哪些？蔬菜上禁用的农药品种有哪些？

我国对农药的使用有明确而严格的规定，明令禁止使用对环境、人体健康有害的农药品种，包括：

（1）明令禁止使用的农药品种：六六六，滴滴涕，毒杀芬，二溴氯丙烷，杀虫脒，二溴乙烷，除草醚，艾氏剂，狄氏剂，汞制剂，砷、铅类，敌枯双，氟乙酰胺，甘氟，毒鼠强，氟乙酸钠，毒鼠硅。

（2）在蔬菜、果树、茶叶、中草药材上不得使用和限制使用的农药品种：甲胺磷，甲基对硫磷，对硫磷，久效磷，磷胺，甲拌磷，甲基异柳磷，特丁硫磷，甲基硫环磷，治螟磷，内吸磷，克百威，涕灭威，灭线磷，硫环磷，蝇毒磷，地虫硫磷，氯唑磷，苯线磷。不得在茶叶上使用的还有三氯杀螨醇、氰戊菊酯。

明令禁止使用的农药

六六六，滴滴涕，毒杀芬，二溴氯丙烷，杀虫脒，二溴乙烷，除草醚，艾氏剂，狄氏剂，汞制剂，砷、铅类，敌枯双，氟乙酰胺，甘氟，毒鼠强，氟乙酸钠，毒鼠硅。

蔬菜上禁用的农药

甲胺磷、甲基对硫磷、对硫磷、久效磷、磷胺、甲拌磷、甲基异柳磷、特丁硫磷、甲基硫环磷、治螟磷、内吸磷、克百威、涕灭威、灭线磷、硫环磷、蝇毒磷、地虫硫磷、氯唑磷、苯线磷。（三氯杀螨醇、氰戊菊酯不得在茶叶上使用。）

28. 什么是农药安全使用间隔期？

农药安全使用间隔期是指最后一次施药至作物收获时必须间隔的天数，即作物收获前禁止使用农药的天数。设定农药安全使用间隔期，是为保证收获的农产品中农药残留量不会超过规定的标准，避免危害食用者的身体健康。不同农药的安全使用间隔期不同，受农药种类、性质、剂型、使用方法和施药浓度，以及作物生长趋势和季节等多个因素的影响。对同一种农药而言，通常施药距离收获的时间间隔越短、残留越高，时间越长、残留越低。使用农药之前，使用者必须仔细阅读农药标签说明，在大于安全使用间隔期的时间施药，确保农产品安全。

农药安全使用间隔期是指最后一次施药至作物收获时必须间隔的天数,即作物收获前禁止使用农药的天数。

29. 为什么要"看天打药"?

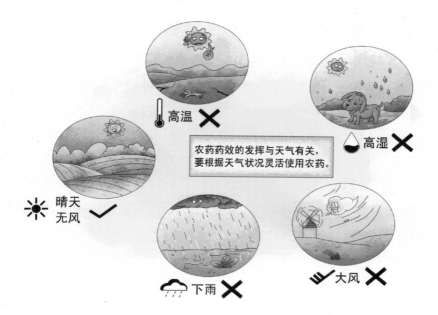

高温 ✗

高湿 ✗

晴天无风 ✓

农药药效的发挥与天气有关,要根据天气状况灵活使用农药。

下雨 ✗

大风 ✗

农药药效的发挥与天气有关，要根据天气状况灵活使用农药。施药一般应在无风的晴天进行，在刮大风、下雨、高温、高湿等天气条件下不宜使用农药，否则会降低药效，增加污染环境和产生药害的机会。气温是影响药效的重要因素，以苏云金杆菌（Bt）为例，在20℃以上其对菜青虫、小菜蛾药效高，气温低时药效明显降低。硫制剂在炎热天气下用于防治瓜类白粉病时，容易产生药害，严重时全株枯萎、成片死亡。另外，在高温下施药，农药容易挥发，人体吸收农药的机会也增多，加上高温条件下人体代谢机能增强，农药容易进入人体而造成危害。

30. 防治农药污染可采取哪些措施？

安全合理地使用农药

优化剂型和施药方式

防治农药污染可采取的措施

推广生物防治

加强农药使用环境安全管理

（1）安全合理地使用农药。按农药标签规定的用量、施药方法、用药次数和安全使用间隔期等合理、正确地使用农药。

（2）优化剂型和施药方式。优化剂型方面，可将农药加工成缓释剂，使农药减少流失并延长残效期。在施药方式上，可通过减少施药次数，推广超低容量喷雾的施药方法等防止农药使用造成的环境污染。

（3）推广生物防治。生物防治包括使用生物农药、利用天敌等方法，是一种成本低、效果好、污染少的防治技术。生物防治可以避免害虫因连续使用化学农药产生的抗药性，从而减少因抗药性而增加的化学农药使用量。在防止农药污染环境的管理工作上，要推行有害生物综合管理措施，综合考虑所有可用的病虫草害控制技术，优选适宜的措施组合，在防止病虫草害发展的同时，控制化学农药的使用，并将其可能对人类健康和环境造成的危害风险降至最低程度。

（4）加强农药使用环境安全管理。推行农药减量增效使用技术、良好的农业规范技术；加强农药使用区域的环境监测，加强宣传教育和科普推广。同时强调按照法律、法规的有关规定，防止农药废弃物流失、渗漏、扬散或者以其他方式污染环境。

31. 如何从源头控制农药进入农产品的生产过程？

（1）依照规定使用农药。禁止使用国家明令禁止的农药品种，严格执行农药使用安全间隔期或者休药期的规定，防止因违反规定使用农药而危及农产品质量安全的行为发生。

（2）依照规定建立农产品生产记录。《中华人民共和国农产品质量安全法》规定，农产品生产企业和农民专业合作经济组织应当建立农产品生产记录，如实记载下列事项：使用农业投入品的名称、来源、用法、用量和使用、停用的日期；动物疫病、植物病虫草害的发生和防治情况；收获、屠宰或者捕捞的日期。

（3）对农产品的质量安全状况进行监测。近年来，我国在农产品质量控制方面采取了一系列措施，加强对农产品产前、产中、产后环节的控制，农产品质量安全水平得到了显著提高。

32. 我国有关农药的法规有哪些？

1978 年 1 月 1 日，国务院发布（78）230 号文件，建议由当时农林部负责审批农药新品种的投产和使用，复审农药老品种，审批进出口农药品种，督促检查农药质量和安全合理用药，并发布有关规定。在审批之前，由当时化工部负责对农药生产技术提出意见，由卫生部负责对农药毒性做出评价。

在此之后，原化工部、原农林部、商业部等部门又相继发布了一些规定，如《农药质量管理条例》《农药工业管理暂行规定》《化学农药调运交接办法》及《农药安全使用标准》等。直至 1982 年 4 月 10 日正式发布《农药登记规定》，于 1982 年 10 月开始实行农药登记制度。

1997 年国务院发布了《农药管理条例》，这是我国农药管理的一部全面的法规，标志着我国农药管理法规建设已开展起来。

1997年国务院发布了《农药管理条例》，这是我国农药管理的一部全面的法规，标志着我国农药管理法规建设已开展起来。

33. 我国的农药管理体制是什么？

《农药管理条例》规定我国农药管理的基本体制是：国务院农业行政主管部门负责全国的农药登记和农药监督管理工作。省、自治区、直辖市人民政府农业行政主管部门协助国务院农业行政主管部门做好本行政区域内的农药登记，并负责本行政区域内的农药监督管理工作。县级人民政府和设区的市、自治州人民政府的农业行政主管部门负责本行政区域内的农药监督管理工作。国务院有关管理部门负责全国农药生产的统筹规划、协调指导、监督管理工作。省、自治区、直辖市人民政府化学工业行政管理部门负责本行政区域内农药生产的监督管理工作。

《农药管理条例》规定我国农药管理的基本体制是：国务院农业行政主管部门负责全国的农药登记和农药监督管理工作。

农药登记

农药监督管理

国务院农业行政主管部门

34. 我国《农药管理条例》对假农药和劣质农药有 哪些相关规定？

（1）禁止生产、经营和使用假农药以及劣质农药。

（2）不按照国家有关农药安全使用规定使用农药的，根据所造成的危害后果，给予警告，可以并处 3 万元以下的罚款。

（3）生产、经营假农药、劣质农药的，依照刑法关于生产、销售伪劣产品罪或者生产、销售伪劣农药罪的规定，依法追究刑事责任；尚不够刑事处罚的，由农业行政主管部门或者法律、行政法规规定的其他有关部门没收假农药、劣质农药和违法所得，并处违法所得 1 倍以上 10 倍以下的罚款；没有违法所得的，并处 10 万元以下的罚款；情节严重的，由农业行政主管部门吊销农药登记证或者农药临时登记证，由工业产品许可管理部门吊销农药生产许可证或者农药生产批准文件。

35. 为什么要推广"生物农药"？

"生物农药"是指直接利用生物活体或生物代谢过程中产生的具有生物活性的物质或从生物体提取的物质作为防治病、虫、草害和其他有害生物的农药。

生物农药的杀虫防病机理、作用方式等，与化学农药有很多区别。生物农药主要具有以下几方面的优点：

（1）防治专一性强，对人类和环境生物更为安全。生物农药防治谱专一性较强，通常仅对防治对象产生毒害作用，对人、畜及环境有益生物比较安全。

（2）易于降解，环境残留低。生物农药来源于自然生态系统，通常其活性成分易被日光、植物或各种土壤微生物分解，是一种来于自然、归于自然正常的物质循环方式，不会在环境中持久存在，环境残留低。

（3）诱发害虫患病，防效期长。微生物农药是生物农药中的最重要类型，包括细菌、真菌、病毒、微孢子虫等许多种类。微生物农药具有在害虫群体中的水平或经卵垂直传播能力，在野外一定的条件之下，具有定殖、扩散和发展流行的能力。不但可以对当年当代的有害生物发挥控制作用，而且对后代或者翌年的有害生物种群起到一定的抑制效果，具有明显的后效作用。

（4）生产资料来源丰富，可实现废弃物利用。生物农药生产原材料来源十分广泛，如农副产品的玉米、豆饼、鱼粉、麦麸或某些植物体等，不仅生产成本低廉，而且大大节约不可再生资源（如石油、煤、天然气等）。

鉴于生物农药的诸多优点，我国大力推广高效、低毒、低残留的"无公害"生物农药，为人们的"绿色生活"谋福利。

36. 如何处置用完的农药包装物？

用完的农药包装物中会残留一定的农药，切不可再用于包装食品等与人密切接触的物品。

用完的农药包装物中会残留一定的农药，切不可再用于包装食品等与人密切接触的物品；随意丢弃农药包装物，也可能导致水体中的鱼虾死亡、家畜甚至儿童中毒；也不能随意填埋，否则会导致地下水污染。目前我国有些地区农户习惯采取简单的敞开式焚烧处置的方

法，但由于农药包装物多为聚氯乙烯等材料，加之其中残留的农药，随意的焚烧会导致大量有毒烟气的产生，产生较为严重的二次污染，直接影响到焚烧场地附近的人员健康安全。因此，建议各地的农药销售单位妥善回收和处置这些农药包装物，或交由专业机构开展此项工作，减少环境健康风险。

NONGYE WURAN FANGZHI

ZHISHI WENDA

农业污染防治 知识问答

第三部分
肥料污染及防治

37. 什么是肥料?

肥料是提供一种或一种以上植物必需的营养元素、改善土壤性质、提高土壤肥力的一类物质,是农业生产的物质基础之一。

人要吃饭,植物也要"吃饭"。植物的根在土壤中吸收养分和水,通过叶面光合作用合成转化为各种有机物,以供植物各部分器官营养生长和生殖生长。这种由根部吸收或叶面吸收的养分可分为两大类:一类是植物生长需要量较大的氮(N)、磷(P)、钾(K),称为大量元素;另一类是需要量较少但会影响植物生理反应的钙(Ca)、镁(Mg)、硫(S)、铁(Fe)、硼(B)、锰(Mn)、铜(Cu)、锌(Zn)等,称为中量、微量元素。氮、磷、钾三要素就像人体需要的淀粉和蛋白质一样,需求量多;中量、微量元素就像维生素,用量少但不可或缺。所有营养元素必须充足且均衡,植物才能生长快速而健壮。

人要吃饭,植物也要"吃饭"。

38. 肥料有哪几种类型？

根据不同的分类方法，肥料可分为以下几类：

按肥料的化学性质分：碱性肥料、酸性肥料、中性肥料；

按肥料的物理状况分：固体肥料、液体肥料、气体肥料；

按肥料的肥效作用分：速效肥料、缓效肥料；

按肥料的养分种类分：单质肥料、复混（合）肥料（多养分肥料）；

按肥料的化学成分分：有机肥料、无机肥料（化学肥料）、有机无机复合肥料。

39. 化肥有哪几种类型？各有什么作用？

化肥又称化学肥料，按照含有的主要元素成分分为氮肥、磷肥、钾肥、复合肥、混合肥、微量元素肥。微量元素肥包括硼肥、钼肥、锌肥、铁肥、锰肥、铜肥；复合肥包括化成复合肥和混成复合肥，化成复合肥是经过化学反应制成的，有固定的化学组成；混成复合肥是由两种和几种肥料按照一定养分比例混合而成的，制成的肥料是混合物。

施用化肥的作用是为农作物生长提供所需要的常量营养元素，如氮、磷、钾、钙、镁、硫和微量营养元素如硼、铜、铁、锰、钼、锌等。

40. 化肥在我国的施用情况如何？

我国早在殷商时期就有施用粪肥的经验。19世纪近代农业化学家李比希提出矿质植物营养学说后才有了化肥。我国从1909年开始进口施用少量化肥。1952年我国的化肥施用量仅为7.8万t，同年粮食总产量为16 392.0万t；改革开放初的1979年的化肥施用量增至1 086.3万t，粮食总产量为3 3212.0万t；在市场经济开始后的1994年，化肥施用量为3 317.9万t，粮食总产量为44 450.0万t；2011年的化肥施用量为6 027.0万t，粮食总产量为57 121.0万t。从以上数字可以看出，化肥的施用为粮食增产和农业发展做出了重要的贡献。但化肥施用量的增长幅度远大于粮食产量的增长幅度，化肥的利用率和利用效益在逐渐降低。我国化肥施用水平较高的省份依次为福建、江苏、广东、河南、山东、上海、湖北，每公顷化肥平均施用量都超过 500 kg。化肥的过量施用，不但造成了资源的浪费，并且氮、磷流失量的增加也给周边水体造成了富营养化的威胁。

41. 有机肥料与化学肥料相比有哪些优点？

有机肥料与化学肥料相比有以下优点：

（1）有机肥料含有大量的有机质，具有明显的改土培肥作用；化学肥料只能提供给作物无机养分，长期施用会使土壤对化学肥料的依赖性越来越大，造成土壤"越种越馋"的不良影响。

（2）有机肥料含有多种养分，所含养分全面、平衡；而化学肥料所含养分种类单一，长期施用容易造成土壤和食品中养分的不平衡。

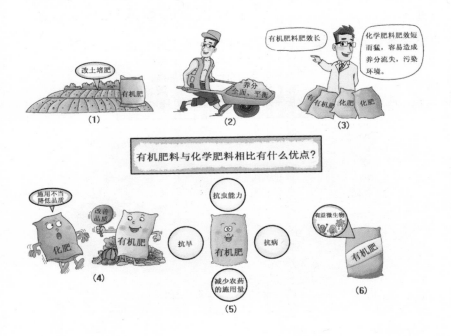

（3）有机肥料肥效长；化学肥料肥效短而猛，容易造成养分流失，污染环境。

（4）有机肥料来源于自然，肥料中没有任何化学合成物质，长期施用可以改善农产品品质；化学肥料属纯化学合成物质，施用不当会降低农产品品质。

（5）有机肥料在生产加工过程中，只要经过充分的腐熟处理，施用后便可提高作物的抗旱、抗病、抗虫能力，减少农药的施用量；

长期施用化学肥料，由于降低了植物的免疫力，往往需要大量的化学农药维持作物生长，容易造成食品中有害物质增加。

（6）有机肥料中含有大量的有益微生物，可以促进土壤中的生物转化过程，有利于土壤肥力的不断提高；而长期大量施用化学肥料可抑制土壤微生物的活动，改变微生物区系，导致土壤的自动调节能力下降。

42. 复合肥料有哪些优点和缺点？

具有养分含量高、副成分少且物理性状好等优点，对于平衡施肥、提高肥料利用率、促进作物的高产稳产有着十分重要的作用。

养分比例固定，而不同土壤、不同作物所需的营养元素种类、数量和比例是不同的。

优点   缺点

复合肥料的优点：具有养分含量高、副成分少且物理性状好等优点，对于平衡施肥、提高肥料利用率、促进作物的高产稳产有着十分重要的作用。缺点：养分比例固定，而不同土壤、不同作物所需的营养元素种类、数量和比例是不同的。

因此，施用复合肥料前最好进行土壤测试，了解田间土壤的质地和营养状况等，另外也要注意和单元肥料配合施用，才能得到更好的效果。

43. 什么是缓效肥料？

缓效肥料又称控释肥料，主要是缓释氮肥和含有缓释氮素的复合肥料。在土壤中，缓释肥料能缓慢释放（或缓慢溶解）营养元素，故其肥效持久，一次施用能满足作物整个或几个生长季节对于养分的需求，减少养分淋失和避免损害作物种籽、幼苗或根系。缓效肥料主要有两类：① 难溶性缓释氮肥，是在水中的溶解度很小的一类氮肥。它们的养分释放速度不取决于其溶解度，而取决于它们在土壤微生物作用下的水解速度。尿素与醛类的缩合物是这类缓释氮肥的典型品种，这类脲醛缓释肥料在日本、美国和西欧均有少量生产，大多用作花卉肥料。② 涂层（包膜）缓释肥料，用物理方法在速效氮肥的颗粒表面上涂布憎水成膜物质，如树脂、石蜡、沥青和元素硫等，可不同程度地控制肥料的渗溶速度。

44. 什么是微量元素肥料？

微量元素，又称痕量元素，没有统一认可的定义。习惯上把研究体系（矿物岩石等）中元素含量大于 1% 的称为常量元素或主要元素；把含量在 1% ～ 0.1% 的那些元素称为次要元素，而把含量小于 0.1% 的称为微量元素。有人认为，在地壳和地球物理中除了 O、Si、Al、Fe 等几个丰度较大的元素外，其余的可称为微量元素。

对于植物体，除需要钾、磷、氮等元素作为养料外，还需要极少量的铁、硼等元素作为养料，这些需要量极少的、生命活动所必需的元素，叫作微量元素。

对于人体，凡是占人体体重万分之一以下的元素，如铁、锌、铜、锰、铬、硒、钼、钴、氟等，称为微量元素。

微量元素具有生物学意义，是植物和动物正常生长和生活所必需的，称为"必需微量元素"或者"微量养分"，通常简称"微量元素"。必需微量元素在植物体内的作用有很强的专一性，是不可缺乏和不可替代的，当供给不足时，植物往往表现出特定的缺乏症状，农作物产量降低，质量下降，严重时可能绝产。而施加微量元素肥料，有利于产量的提高，这已经被科学试验和生产实践所证实。到目前为止，证实作物所必需的微量元素有硼、锰、铜、锌、钼、铁、氯等。

常见的微量元素肥料主要有硼肥、锰肥、铜肥、锌肥、钼肥、铁肥、氯肥等。

铁肥

硼肥

钼肥

锰肥

铜肥

氯肥

锌肥

微量元素肥料

因此，常见的作物所需微量元素肥料主要有硼肥、锰肥、铜肥、锌肥、钼肥、铁肥、氯肥等，可以是含有一种微量元素的单纯化合物，也可以是含有多种微量和大量营养元素的复合肥料和混合肥料。

45. 什么是配方施肥？

配方施肥是根据作物需肥规律、土壤供肥性能与肥料效应，在作物播种前制订出有机肥、氮磷钾化肥和各种微肥的合理配比、用量和相应的施肥技术。"配方"是指将施肥做到准确计量，使各种养分形成科学配方。"施肥"是指对在播种前确定的肥料种类用什么方式进行施用，例如，是作基肥还是作追肥，是沟施还是穴施等。

应用配方施肥技术应注意以下问题：

（1）配方施肥的基础是对土壤供肥能力的科学判定，而判定的基础是对土壤进行化验分析和在该土壤上进行的作物试验。我国土壤类型繁多，土壤肥力水平差异较大，不同土壤有不同的养分供应能力，生产实际中应根据土壤的性质和养分含量确定土壤的养分供应能力。

（2）不同作物甚至同一作物的不同品种，其需肥规律各不相同，生产中应根据作物的营养特性及其养分需求规律，科学确定肥料的用量和施肥方式。

（3）我国目前推广应用的主要是养分平衡法配方施肥，该方法容易掌握，但应用时必须具备五个有效数据，即作物计划产量、单位经济产量作物的吸肥量、土壤供肥量、肥料利用率及肥料有效养分含量。其中关键数据是土壤供肥量，它需要进行土壤化验分析来确定。

46. 化肥污染环境的途径有哪些?

造成土壤质量下降

化肥的挥发影响大气环境质量

随地表径流流失，增加地表水体氮磷负荷

在土体中渗透，使浅层地下水水质下降

（1）不恰当的施肥可能会造成土壤质量的下降，如养分失衡和酸化等。

（2）化肥的挥发影响大气环境质量：铵态氮肥本身具有挥发性，氨的强烈刺激气味对施肥人员的健康是有害的；氮肥施入土壤中以后，有一部分经过反硝化作用形成NO_x，近地面环境中NO_x在阳光的作用下与O_2反应，形成O_3，刺激人、畜的呼吸器官；而到达同温层的N_2O与O_3反应生成NO，则消耗破坏臭氧层，使大气层阻止紫外线的能力下降；N_2O 是温室气体组分之一，对全球变暖的贡献率约为 4%。

（3）化肥随地表径流流失，增加地表水体的氮、磷负荷，加大了水体富营养化的风险。

（4）化肥在土体中的渗漏，有可能引起浅层地下水质量的下降，尤其是硝态氮肥的渗漏会造成地下水中硝酸盐和亚硝酸盐的增加。

47. 化肥施用对大气环境质量有什么影响？

化肥对大气的污染主要是氮肥分解成的氨气与反硝化过程中生成的 N_2O 所造成的。肥料氮在反硝化作用下，形成氮和氧化亚氮（N_2O），释放到空气中去，氧化亚氮不易溶于水，可达平流层的臭氧层与臭氧作用，生成一氧化氮，使臭氧层遭到破坏，成为氧化亚氮放出。臭氧层集于离地面 20 km 以上的高空，对维持平流层能量平衡、掩护地球免遭太阳紫外线强烈辐射等有重要作用，臭氧层减少，紫外线辐射加强，不仅会导致蔬菜、果树、大田、绿色植物受害，而且会使人畜的皮肤癌增加，破坏平流层能量平衡，使气候异常，造成大面积的自然灾害。

48. 化肥施用对水体环境质量有什么影响？

我国的化肥利用率平均只有30%～35%。每年有大量养分流入水体，农田径流带入地表水体的氮占人类活动排入水体氮的50%左右，造成江河湖及地下水源的污染。

我国的化肥利用率平均只有 30% ～ 35%。每年有大量养分流入水体，农田径流带入地表水体的氮占人类活动排入水体氮的 50% 左右，造成江河湖及地下水源的污染。

　　氮、磷化肥用量逐年增加，过剩的氮肥、磷肥随雨水或灌溉进入地表或地下水系，造成水体富营养化。富营养化引起藻类及其他浮游生物迅速繁殖，水的透明度降低，阳光难以穿透水层，使水底水生植物因光合作用受阻而死去，大量死亡的水生生物沉积到湖底，被微生物分解，消耗大量的溶解氧，鱼类及其他生物因缺氧而大量死亡腐烂，水体变得腥臭。

　　富营养化的水中含有硝酸盐和亚硝酸盐，人畜长期饮用这些物质含量超过一定标准的水，也会中毒致病。我国的太湖就是水体富营养化的一个典型例子，2000 年全湖平均达到了富营养水平。20 世纪 60 年代，太湖中的鱼类有 160 种左右，到 2006 年，减少至 60～70 种，洄游性鱼类几乎绝迹。另外，湖泊底泥沉积污染逐年加重，以致成为湖体的二次污染源。

　　造成海洋水环境污染，威胁近海生物。大量氮肥流失为藻类的迅猛增殖提供了丰富的氮营养条件，已成为赤潮的主要诱发因素之一。

49. 化肥施用对土壤环境质量有影响吗？

　　施肥的最初目的是为改善土壤环境质量，但不恰当的施肥也会对土壤环境质量造成负面影响，主要表现在：

　　（1）引起土壤酸度变化。过磷酸钙、硫酸铵、氯化铵等都属于生物酸性肥料，即植物吸收肥料中的养分离子后，土壤中氢离子增多，易造成土壤酸化。长期大量施用化肥，尤其在连续施用单一品种化肥时，在短期内即可出现这种情况。土壤酸化后会导致有毒物质的释放，或使有毒物质毒性增强，对生物体产生不良影响。土壤酸化还能溶解土壤中的一些营养物质，在降雨和灌溉的作用下，向下渗透补给地下水，使得营养成分流失，造成土壤贫瘠，影响作物生长。

酸度变化　土壤板结

微生物活性降低　对土壤产生污染

（2）导致土壤板结，肥力下降。化肥施用过多，大量的 NH_4^+、K^+ 和土壤胶体吸附的 Ca^{2+}、Mg^{2+} 等阳离子发生交换而使土壤中钙、镁流失，土壤结构被破坏，导致土壤板结。大量施用化肥，用地不养地，造成土壤有机质下降，化肥无法补偿有机质的缺乏，进一步影响了土壤微生物的生存，不仅破坏了土壤肥力结构，而且还降低了肥效。

（3）化肥中的有害物质对土壤产生污染。制造化肥的矿物原料及化工原料中，含有多种重金属放射性物质和其他有害成分，它们随施肥进入农田土壤造成污染。

（4）微生物活性降低。土壤微生物既是土壤有机质转化的执行者，又是植物营养元素的活性库，具有转化有机质、分解矿物和降解有毒物质的作用。长期施用单一的化肥会降低土壤微生物的数量和活性，使物质难以转化及降解。

50. 如何选择化肥品种？

（1）根据土壤特点选择。南方的红壤、黄壤呈酸性或微酸性，连续多年的大棚菜田也逐步酸化，且钙、镁缺乏。因此南方施用磷肥宜选碱性钙镁磷肥、磷矿粉等，既可调节土壤酸度，又可供应钙、镁元素。而北方的潮土、褐土、栗钙土等土类多呈碱性，施用磷肥宜选用偏酸性的过磷酸钙。碱土、盐土尤其滨海盐土，施用钾肥宜选用硫酸钾。

（2）根据作物选择。一般蔬菜是喜硝态氮的作物，氮肥宜选用硝酸铵、硝酸钙。鳞茎类蔬菜如洋葱、大葱、大蒜、生姜等，对硫的

需要量较大，宜选用过硫酸钙、硫酸铵、硫酸钾等。十字花科的蔬菜需硼量较大，宜选用硼酸、硼砂等。鲜食性瓜菜对氯毒害敏感，不宜选用氯化铵、氯化钾等。大白菜、番茄等易出现缺钙症状（干烧心、蒂腐病），宜用过磷酸钙和硝酸钙。

（3）根据施肥方式选择。种肥一般选用中性高浓度的复合肥，基肥可选用低浓度肥料，也可选用高浓度的复合肥料，要根据成本选择。追肥多选用高浓度速效化肥如尿素、磷酸二铵、磷酸二氢钾等。冲施肥及叶面肥，要选择高浓度、易溶解、残渣少的肥料如尿素、硝酸铵、磷酸二氢钾等。

51. 如何控制化肥用量？

（1）综合考虑作物种类、产量目标、土壤养分状况、其他养分输入方式、环境敏感程度，以确定施肥量。

（2）要通过土壤测试，了解土壤养分的供应状况，结合其他的养分输入情况，如灌溉方式、有机肥料的施用、种子状况（有的种子包衣含肥料）等，确定化肥使用量。土壤养分含量较高时，应少施化肥；施有机肥料时，要适当减少化肥施用量。

（3）农业生产中存在除养分以外的限制因子（如缺水）时，应少施化肥。

（4）在下列区域要尽量少施或不施化肥：靠近饮用水水源保护区的土地；在石灰坑和溶岩洞上发育有薄层土壤的石灰岩地区；强淋溶土壤、易发生地表径流的地区；土壤侵蚀严重的地区；地下水位较高的地区。

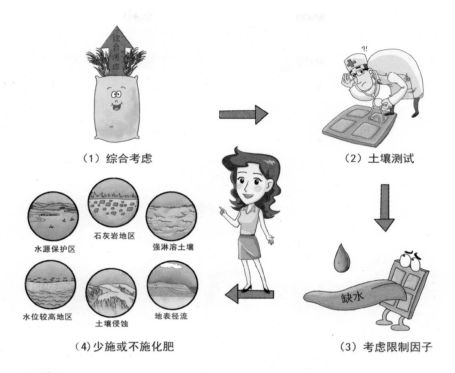

（1）综合考虑

（2）土壤测试

水源保护区　石灰岩地区　强淋溶土壤

水位较高地区　土壤侵蚀　地表径流

（4）少施或不施化肥

（3）考虑限制因子

52. 如何优化施肥结构？

　　20世纪80年代后期至今，化肥尤其是化学氮肥施用太多，导致的诸如土壤酸化、养分不平衡供应、土壤生物活性下降等问题日益凸显，并且过量的、单一化肥的施用影响了化肥利用率，造成了一系列的环境危害，优化施肥结构势在必行。

　　（1）实施测土施肥和配方施肥，有针对性地施肥：土壤缺什么施什么，作物需要什么施什么，而不是盲目地不管什么土壤、种植什么作物，千篇一律地施用一种肥料。

　　（2）合理施用有机肥。我国耕地土壤有机质平均含量仅为2%

左右，明显低于发达国家 2.5% ～ 4.5% 的水平。合理施用有机肥可以达到改善土壤理化性状的改土作用，对实现高产优质和可持续发展都有很好的作用。

（3）增加绿肥作物的种植，尤其在土地闲置的季节，用养结合，保持土壤的持续生产力。

如何优化施肥结构？

2%　2.5%～4.5%

我国耕地　发达国家耕地

■ 土壤有机质平均含量

实施测土施肥和配方施肥　　合理施用有机肥

增加绿肥作物的种植

53. 化肥的科学施用方法有哪些？

施肥的目的一是为作物提供营养，提高产量和改善品质；二是改良和培肥土壤。要达到这些目的，必须坚持科学施肥：

（1）合理调整有机肥和无机肥的配比，提高培肥地力的可持续性。培肥地力是农业可持续发展的根本，而培肥地力的有效途径就是施肥。有机肥与无机肥在培肥地力上各有作用，可以合理调整有机肥和无机肥的配比，提高培肥地力的可持续性。

（2）实施测土施肥，协调营养平衡。实施测土配方，对施肥地块适宜种植的农作物品种、所种植的农作物所需的各种肥料、需要的用量，以及对肥料进行微谱配方分析，通过测土配方施肥实现增加产量与改善品质相统一，既获得最高产量又获得最佳品质。

合理调整有机肥
和无机肥的配比

实施测土施肥

科学施肥方法

提高肥料利用率

（3）提高肥料利用率，减少生态环境污染。肥料利用率的高低是衡量施肥是否科学合理的一项重要指标，而提高肥料利用率也一直是合理施肥实践中的一项长期的主要任务。通过提高肥料的利用率可以提高肥料的经济效益、降低肥料投入、减缓自然资源的耗竭以及减少肥料生产和施用过程中对生态环境的污染。

54. 如何减少化肥的流失？

如何减少化肥的流失?

[1] 辨别化肥种类而采取不同的施用方法。

[2] 根据土壤的不同性质，选择合适的化肥施用方法。

[3] 根据不同作物的需肥时间进行施肥。

[4] 科学混配施用化肥。

　　化肥的利用率低、流失严重是当前农业生产中的突出问题，在一些地方氮肥利用率仅为 20%～50%，磷肥利用率仅为 10%～30%，需要采取一些必要的措施来提高化肥的利用率，减少化肥的流失。通常采用的方法包括：

　　（1）辨别化肥种类而采取不同的施用方法。例如，在夏季气温较高时，地表施用碳酸氢铵 12h 后其挥发损失将近 6%；而将同样的肥料深施到 6 cm 以下土层，12h 后挥发损失仅为 0.3%。因此，铵态氮肥深施可提高其肥效利用率。

　　（2）根据土壤的不同性质，选择合适的化肥施用方法。在砂性土壤中，磷肥可全部做底肥，氮肥则应一半做基肥、另一半可在生长发育过程中分期做追肥。另外，施肥后浇水量不能过大，避免大水漫灌后造成肥料损失。黏质土壤中，有水浇条件的，可将磷肥及 2/3 的氮肥做基肥、1/3 的氮肥分期做追肥；无水浇条件的旱地，氮、磷全部做基肥。土质肥沃的土壤要控制氮肥的用量。

（3）根据不同作物的需肥时间进行施肥，各种作物对养分的需求都有一个临界期和最大效率期，应当选择好作物的营养临界期，施用化肥补充作物所需养分，提高化肥的利用率。

（4）科学混配施用化肥，根据作物的需肥规律、土壤测试结果以及肥料的利用率，调整氮、磷、钾和中量、微量元素的合理用量和比例。

55. 施用有机肥一定就安全吗？

施用有机肥不当会造成：

（1）发酵、腐熟不彻底，容易造成烧根烂苗的现象。

（2）高温消毒不彻底，动物粪便来源的有机肥可能含有大量的病原菌和虫卵，会引发虫害。

（3）动物粪便来源的有机肥由于受饲料及添加剂的影响较大，有时会含有较多的重金属和抗生素，也会给环境带来不利影响。

（4）有机肥中的氮、磷养分溶解性较高，大量施用会增加养分渗漏影响地下水质量的风险。

2012 年 3 月 1 日，《有机肥料》（NY 525—2012）由农业部发布。但因农业生产是以分散的家庭生产为主，施肥实践中还不能完全按照标准执行。

（1）发酵、腐熟不彻底，容易造成烧根烂苗的现象。

我的脚！

施用有机肥不当的后果

（2）引发虫害。

（3）给环境带来不利影响。

（4）影响地下水质量。

56. 化肥施用比例失衡会带来哪些环境问题？

　　科学施肥是提高作物产量、改善品质、降低生产成本的重要因素。但盲目施肥、单一施肥、过量施肥等化肥施用比例失衡现象，不仅降低了肥料利用率，增加了生产成本，而且破坏了土壤结构，导致土壤退化，造成肥料流失，引发水体污染。

　　单一施用化肥，不配合有机肥施用，会打破土壤原有的养分平衡，长期过量施入而不补充有机物，使土壤有机质消耗过度，土壤有机质下降，团粒结构性能降低，土壤板结现象加剧，保肥保水能力降低，养分比例失调，影响土壤环境质量。

　　过量化肥，尤其是氮肥对微生物具有杀伤作用和抑制作用，长期施用将导致土壤中大量微生物死亡，微生物区系发生变化，许多有益微生物从优势种群变为次要种群，从而造成土壤生态环境问题。化肥施用比例失衡可能造成土壤中某些元素（如氮、磷）过量，通过地表径流和地下水渗透，对地表水和地下水环境造成影响。

> 单一施用化肥，不配合有机肥施用，
> 会打破土壤原有的养分平衡。

57. 提高化肥利用率的措施有哪些？

（1）化肥用量要适度。要综合考虑作物种类、产量目标、土壤养分状况，确定施肥种类和施肥量，缺水时也要少施肥。

（2）采用适宜的施肥方法。化肥尽量施在作物根系吸收区；采用分次施肥，忌一次大量施肥。

（3）施肥时期要适宜。尽量在春季施用化肥，夏秋季（雨季）追加少量化肥；氮肥应重点施在作物生长吸收高峰期。

（4）采用合理的耕作方式。在坡度较大的地区，应采取保护耕作（免耕或少耕）以减少对土壤的扰动，还可利用秸秆还田减少径流流失；在平原地区，可采取耕作破坏土壤大孔隙，或控制排水保持土壤湿度，避免土粒干燥产生大孔隙引起渗漏流失。

（5）采用合理的灌溉方式。对旱田提倡采用滴灌、喷灌等先进灌溉方式，尽量减少大水漫灌；对水田要加强田间水管理，尽量减少农田水的排放。

（6）采用适宜的轮作制度。在一个轮作周期统筹施肥，如磷肥尽量施在对磷敏感的作物上，其他作物利用其后效；深根作物与浅根作物轮作可充分利用土壤中的养分。

58. 化肥与有机肥配合施用有哪些好处？

提高作物产量

改善农田生态环境

化肥与有机肥配合施用既能提高作物产量，又可以改善农田生态环境。

　　化肥与有机肥配合施用既能提高作物产量，又可以改善农田生态环境。

　　（1）有机肥含有作物所需的各种营养元素和某些生物活性物质，而化肥所含养分除复合肥外，较单一。有机肥与化肥所含养分、种类各不相同，配合施用能长短互补。

　　（2）有机肥肥效慢而稳，当季利用率低，但后效长；化肥多为速效肥，易被作物及时吸收，肥效快，但不持久。两者配合施用，可相互弥补不足。

　　（3）有机肥与化肥配合施用，无机氮可提高有机氮的矿化率，有机氮能提高无机氮的生物固定率。增施有机肥在于养地，增施化肥在于用地，两者配合有利于作物高产与稳产。

59. 施用化肥对农产品品质有哪些影响？

（1）在土壤养分含量水平较低的情况下作物产量和品质均很低，随着施肥量的增加，作物产量和品质参数也随之增加，当施肥量达到一定水平、继续增加施肥量时，品质的增长曲线明显先于产量曲线下降，而负面的品质参数则迅速增长。如菠菜干物质、糖、蛋白质和维生素 C 达到最大值时氮肥用量只有最高产量施肥量的一半左右，而负面品质参数，如硝酸盐、草酸、自由氨基酸则总是随着施氮量的增

加而增加。绿叶菜类、根茎类菜更易富集硝酸盐。

（2）某些磷肥原料磷矿石的成分复杂，含有较高的重金属组分，过量施用这类磷肥会造成农产品重金属富集，影响农产品的卫生质量。

（3）过量施用氮肥会引起农产品食味变差和耐贮性能降低。

（4）过量施用单一化肥特别是氮肥，会造成农作物生长过快和养分不均衡，抗逆能力下降，容易感染病虫害，同时又加大农药的使用量，间接增加农产品农药残留的风险。

（5）施用未经腐熟的有机肥，也会对食品安全造成危害。粪便、生活垃圾等有机物料中含有大肠杆菌、线虫等病菌和害虫，直接施用会导致病虫害传播、作物发病，对食用农产品的人的健康也会产生影响；未腐熟有机物料在土壤中发酵时，容易滋生病菌与虫害，也会导致食品安全问题。

60. 化肥会对人体健康造成危害吗？

我国目前施用的化肥主要有氮肥（如尿素、氯化铵、碳酸氢铵等）、磷肥（如过磷酸钙、磷酸钙等）和钾肥（硫酸钾、氯化钾等）。在上述三类化肥中，除钾肥对人体无明显危害外，氮肥和磷肥对人体都有一定的毒性作用。

（1）氮肥对人的皮肤及黏膜有不同程度的刺激作用。如石灰氮及氨水可强烈刺激呼吸道黏膜，引起急性中毒。氮肥中施用量最大的碳酸氢铵是一种挥发性极强的化肥，即使在 0℃ 以下的环境里，也能产生无色、有恶臭味的刺激性氨气。不仅对人的眼睛和上呼吸道黏膜有强烈的刺激作用，还能与人体黏膜的水分结合，形成弱碱性氢氧化铵，使人体蛋白质变性、脂肪皂化、破坏细胞膜结构，易造成人体呼吸道黏膜发炎乃至灼伤。其临床表现症状为鼻炎、气管炎及支气管炎等，并出现咽喉部灼痒疼痛、声音嘶哑、咳嗽、咳痰及胸闷等多种病状。

　　（2）磷肥在运输、分装和田间施用中形成的粉尘，极易刺激皮肤、眼结膜和呼吸道黏膜而引起炎症，有些人接触某些化肥后还可引起皮肤过敏或全身性变态反应。因此，在施用和保管化肥时，一定要采取有效的防护措施，以免发生职业性中毒，要注意防止化肥的气体危害，化肥存放处要注意防腐蚀，要防止误食中毒。

61. 我国目前对化肥施用有哪些管理措施？

　　环境保护部于 2010 年颁布了《化肥使用环境安全技术导则》（HJ 555—2010），主要从面源污染防治的角度，提出了化肥安全使用、防止氮磷流失的原则和措施，对科学施肥具有积极的指导作用。

农业部2011年年底发布了《关于深入推进科学施肥工作的意见》，从保障国家粮食安全和节能减排两个大局出发，提出了科学施肥的工作重点和重点区域。各地也相应出台了推进科学施肥的工作方案，扩大了测土配方施肥的覆盖范围，强化了专业化农化服务的能力，加大了宣传力度，因地制宜地制定并推行了一系列科学施肥的措施和行动。2011年修订了《测土配方施肥技术规范》（NY/T 1118—2006），使得测土施肥有更可行的操作规范。

同时，我国目前也有一系列有关肥料的标准，包括国标和行业标准，对肥料产品的质量监督做到了有规范可依。

62. 国外对化肥的施用有哪些经验可借鉴？

欧美国家的农业现代化程度比较高，在化肥的施用方面也有许多可以借鉴的经验：

（1）施肥实施持证上岗，严格控制化肥质量和施用量。在美国，施肥需要具备州政府颁发的资格证书。为获得资格证书，农民每年必须接受一定的培训课程，间隔三到五年更换一次资格证书。美国农场使用的化肥都经过了美国农业部和农业大学多年跟踪测试，产品不断改进，化肥的使用说明上会明确列出最高单位用量、每次作业最小间隔期和收获前禁止施肥期等规定。自家堆肥也不能随意施用，需将样本送至检验机构，检验机构会将养料成分告知农民，以便确定施肥数量与次数。同时，当地州立大学农学院也会不定期检查农民的用药和施肥记录，并提供技术支持。

（2）开发针对性化肥品种，采用轮作和免耕方式减少化肥施用。针对不同土质、不同农作物，有不同的化肥可供选择。轮作是指同一块土地在不同年份种植不同作物（如一年种植玉米，一年种植大豆，间隔变化）。免耕是指不使用机器翻整土地，而将前一年收获后的玉米秆等残余绞碎后直接作为土壤肥料留在原地。

（3）设置缓冲带，减少化肥对水体的污染。为避免化肥流入河流，国外农场普遍在河流附近设置缓冲带，缓冲带不种植农作物，而是任由杂草生长，以吸收雨水冲刷过来的化肥。

63. 培训农民科学施肥的途径有哪些？

组织农业技术人员深入地方农户具体指导，
对农民进行现场的科学施肥知识培训。

"科学测土、
配方施肥"。

　　首先，利用电视、媒体开展施用化肥的培训指导，让农民了解化肥的选用原则、化肥施用量的计算方法、施用技术，通过媒体逐步掌握避免化肥流失的方法、化肥安全施用及人员防护措施等关键内容。

　　其次，各地应广泛开展"科学测土、配方施肥"的实地技术应用和推广，组织农业技术人员深入地方农户具体指导，对农民进行现场的科学施肥知识培训。

　　建立相关技术的热线电话服务，使相关农业技术专家更方便地通过电话对农民的化肥施用进行建议和指导。

第四部分
农膜污染及防治

64. 什么是农膜？

农膜即农业种植所用的塑料薄膜。

农膜即农业种植所用的塑料薄膜，农膜覆盖于农田（或农作物）上，可以促进作物的增产增收。农膜是聚乙烯加抗氧化剂、紫外线吸收剂和塑化剂制成的有机聚合物材料，多不易降解。

65. 农膜有哪些品种？

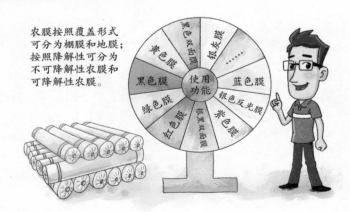

农膜按照覆盖形式可分为棚膜和地膜；按照降解性可分为不可降解性农膜和可降解性农膜。

使用功能

黑色双向膜、银灰膜、蓝膜、银色反光膜、紫色膜、拉可双向膜、红色膜、绿色膜、黑色膜、紫色膜

农膜按照覆盖形式，可分为棚膜和地膜；按照降解性可分为不可降解性农膜和可降解性农膜；按照使用功能，可分为黑色膜、绿色膜、红色膜、蓝色膜，紫色膜、黄色膜、银色反光膜、银灰膜、银黑双面膜和黑色双面膜等十余个品种。

66. 农膜的主要作用是什么？

农膜的作用

调节温度　保水保肥　保持湿度　延长作物生长期　提高产量

农膜覆盖是一项成熟的农业栽培技术，该技术可以保水保肥、保持湿度，调节环境温度和地温，有效地延长农作物的生长期，确保农作物产量的提高，对于促进我国农业现代化和农村经济的发展起到了巨大的推动作用。不同类型的农膜功能也不尽相同：

（1）黑色膜。杂草严重的地块或高温季节栽培夏萝卜、白菜、菠菜、秋黄瓜、晚番茄，选用黑色膜较好，灭草效果稳定可靠，并且保水性能好。

（2）蓝色膜。主要用于水稻育秧，有利于培育矮壮秧苗。还可用于棉花、花生、草莓、菜豆、茄子、甜椒、瓜类等蔬菜和其他经济作物的种植，可较好地起到防除杂草的作用，并对黑斑病菌有较好的抑制作用。

（3）红色膜。在红色农膜下培育的水稻秧苗生长旺盛，甜菜含糖量增加，胡萝卜直根长得更大，韭菜叶宽肉厚。收获期提前，产量增高。

（4）紫色膜。能使紫光透光率增加，主要适合于冬春季温室或塑料大棚的茄果类和绿叶类蔬菜栽培，可提高品质和产量。

（5）黄色膜。覆盖黄色膜，能使黄光增加，能透过红、黄、橙色光，能排除青、紫色光。覆盖黄瓜，可促进现蕾开花，增产1倍以上；覆盖芹菜，可使植株高大，延长食用期。

（6）银色反光膜。具有反光、隔热及降低地温的作用。可用作温室、大棚的侧壁，利用反射光，提高作物株行间及果树内膛的光照强度，促进着色。也可用于温室番茄、葡萄、樱桃、苹果栽培的地面覆盖。

（7）银灰色膜。驱避蚜虫、白粉虱，减轻作物病毒的作用，对黄条跳甲、黄守瓜、象甲也有驱避作用；还能抑制杂草生长，且保水效果好。适用于春季或夏秋季防病抗热栽培，如茄果类、瓜类蔬菜及烟草等。

（8）银黑双面膜。具有反光、避蚜与灭草、保湿的多重作用，适宜蔬菜、瓜类等多种作物。

（9）黑色双面膜。具有反光、降低地温、保湿、灭草护根作用。适宜蔬菜、瓜类的抗热栽培。

（10）绿膜。具有抑制杂草生长、促进作物地上部分生长以及增产的多重作用。多用于草莓、瓜类、番茄、茄子、辣椒等蔬菜，一般可使番茄和茄子分别增产 22% 和 49%，而且还能使茄子有光泽、着色好。

67. 使用农膜会产生多大的经济效益？

农膜增产增收的效果明显，地膜的增产效果一般可达 30% ～ 50%，高的可达 80% ～ 100%，并且能够提高作物的品质，西瓜的糖分可提高 1 倍。使用棚膜可以解决居民冬季吃菜难的问题，蔬菜产量可增加 50% ～ 80%，有的蔬菜品种可增收 100% ～ 200%，1t 有秧膜可使谷物平均增产 5t。据统计，1982—1994 年全国因使用地膜栽培技术累计增产粮食 2 642 万 t、棉花 210 万 t、花生 355 万 t、糖料 655 万 t、蔬菜 2 089 万 t，合计增加产值 734 亿元。农民增收 580 亿元。12 年内农作物增产总量相当于扩大播种面积 600 万 hm² 以上。

68. 我国农膜使用存在哪些主要问题？

> 我国农膜使用有强度低、耐用性差、回用率低的问题。

回用率低

强度低、耐用性差

随着农业现代化的不断发展，农膜的使用量呈现逐年增长的趋势，但是在农膜使用过程中，环境问题逐渐暴露出来：

（1）国产农膜的强度低，耐用性差，导致其使用过程中易破碎，可回用性差，造成资源浪费。

（2）农膜回用率低，少数农民只是清理大张残留的农膜，细碎旧膜不予清理，废弃农膜夹杂在土壤中，成为一种环境污染。

69. 为什么超薄的农膜不能使用？

国际上要求地膜的厚度为 0.008 mm，一般为 0.012 mm。在我国，为降低生产成本，迎合农民的心理，国内生产企业生产低成本的超薄农膜，这类农膜的厚度为 0.005 mm，价格较低，个别商家甚至炒作超薄农膜为环保农膜，迷惑农民，使用这种农膜不但达不到保温保湿的效果，而且极易破碎、难以回收，残留在农田中形成真正的白色污染，破坏了土壤的性质，造成肥力和水分供应不上，作物减产，造成严重的经济损失。

国际上地膜的厚度为 0.008 mm，一般为 0.012 mm。

极易破碎、难以回收

国内农膜的厚度为 0.005 mm。

达不到保温保湿的效果

国内农膜价格较低，个别商家甚至炒作超薄农膜为环保农膜，迷惑农民，使用这种农膜不但达不到保温保湿的效果，而且极易破碎、难以回收。

70. 农膜可以重复使用吗？

优质的农膜是可以重复使用的。按照国际上不低于 0.012 mm 的厚度标准生产的优质农膜，可以大大提高农膜的使用寿命，回收起来更加容易，并且这种农膜回收后可以重复使用，既减少环境污染，又节约了资源。

优质的农膜是可以重复使用的。

重复使用

优质农膜

71. 回收农膜的利用价值有多大？

作为燃料资源

油罐车

重复使用

回收再生

回收的农膜具有较大的利用价值。

回收的农膜具有较大的利用价值：①重复使用。如果采用合理的农艺措施，回收的农膜较完整、磨损率低，就可以重复利用。"一膜两用""一膜多用"现已在农业生产中得到实施，回收的农膜还可以用来覆盖木材和农业器具、作地窖的内衬等。②回收再生。利用废旧农膜或废旧塑料通过各种塑料再生利用技术制成各类塑料制品。③作为燃料资源。将废旧农膜进行能量回收也是废弃农膜的有效利用途径。

72. 回收的废旧农膜应该如何进行处置？

（1）再生利用。将废旧农膜分类、清洗、破碎、造粒后直接再生制成农膜，或者加工成各种模塑制品，如塑料木材和栅栏等，这种方法是利用废旧农膜的最主要方法，技术投资和成本较低，是许多国家作为再生资源利用的方式。

（2）制作沥青和塑料油膏。将废聚乙烯农膜和煤焦油在反应器中进行化学反应，产生焦油沥青。

（3）作为燃料资源。废旧农膜的热值极高，可达到 $44\,706 \sim 45\,355$ kJ/kg，其热能回收很有潜力，国外已经建立专门的处理工厂，采用焚烧设备，获取能量产生蒸汽或者发电，同时最大程度地减少环境污染。回收的废旧农膜处理过程中，一定要统一管理，不能随处丢弃，也不能像秸秆一样随便燃烧，否则会产生二次污染。

将废旧农膜分类、清洗、破碎、造粒后直接再生制成农膜，或者加工成各种模塑制品，如塑料木材和栅栏等。

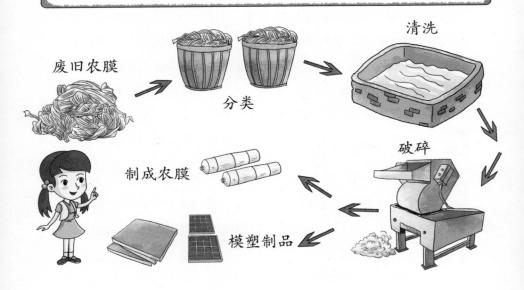

73. 我国农膜的残留量有多大？

我国是世界上最大的农膜生产国和使用国，然而由于回收不力，我国农膜残留问题十分突出。据不完全统计，我国农膜的残留量达 35 万 t/a，也就是说有近一半的农膜残留在土壤中。据调查，宁夏每公顷农田中农膜的残留量达到 34.5 kg，北京、黑龙江和新疆石河子地区，在 30 cm 的耕作层中，地膜的残留量少则 75 kg/hm²，多则 150 kg/hm²。在新疆，连续覆膜 10 年、15 年和 20 年的棉田里，地膜残留量分别达 262 kg/hm²、350 kg/hm² 和 430 kg/hm²。

我国农膜的残留量有多大?

74. 农膜残留对土壤有哪些影响?

改变土壤理化性质

阻碍水肥输运

农膜残留对土壤的影响

土壤肥力降低

有机质含量下降

农膜残留不仅会影响土壤表层，而且会影响土壤深层，使土壤环境逐渐恶化，主要表现在改变土壤的理化性质（如土壤容重、孔隙度和透气性），阻碍水肥输运，导致土壤肥力降低、有机质含量下降，甚至影响土壤中有利作物生长的微生物的存活，进而影响作物的生长。

75. 农膜残留对农作物有哪些影响？

农膜残留破坏了土壤结构，阻碍土壤中水分和营养向植物根系转移，因此，妨碍了农作物种子发芽、出苗和根系生长，造成作物减产。

农膜残留破坏了土壤结构，阻碍土壤中水分和营养向植物根系转移，因此，妨碍了农作物种子发芽、出苗和根系生长，造成作物减产。据测算，减产幅度分别为小麦 9% ～ 16 %、玉米 11% ～ 23 %、水稻

8% ～ 14 %、蔬菜 15% ～ 59 %。种子播在残膜上，烂种率达 6.92 %，烂芽率达 5.17 %，棉苗侧根比正常减少 4.8 ～ 7.6 条，2 ～ 3 片真叶期棉苗死亡 1.19 %，子叶期棉苗死亡 3.08 %，现蕾期推迟 3 ～ 5 d。株高降低 6.7 ～ 12.9 cm，残膜对玉米产量影响的差异水平显著。农膜中的塑化剂会使作物植株失绿，叶片黄化卷曲，形成黄网斑，导致叶片干枯。

76. 什么是农膜污染？

农膜污染包含两个方面：一方面是可视的污染，指的是大量的农膜残留在土壤中产生的污染，以及回收的农膜随风吹散造成的视觉上的污染；另一方面是其隐蔽的化学形式的污染：农膜生产过程中添加了大量的化学物质——塑化剂（用于增加农膜的塑性），这类物质具有潜在的危害，在常年光照、高温以及雨淋下，塑化剂从农膜中渗出，挥发到空气中，渗入土壤和地表水、地下水中。因此，农膜污染必须加以治理。

77. 农膜中主要的污染物有哪些？

农膜中主要的污染物主要是指添加剂，即酞酸酯类塑化剂，包括酞酸二丁酯和酞酸二辛酯，这两种物质都被国际上列入污染物黑名单，这些物质在极低的浓度下都可严重抑制低等水生生物的生长，并进入人体，造成不同程度的伤害。另外，塑料的原料有机树脂聚乙烯或者聚氯乙烯能够改变土壤的性质，影响植物的生长，也属于污染物。

在国际上列入污染物黑名单

邻苯二甲酸二辛酯

邻苯二甲酸二丁酯

78. 为什么农膜污染又称"白色污染"？

由于回收残膜的局限性，加上残膜处理不彻底、方法欠妥，部分清理出的残膜弃于田边、地头，大风刮过后，残膜被吹至家前屋后、田间、树梢，影响农村环境景观，由于残膜在农村造成的污染十分普遍，而且废旧农膜的视觉效果是白色的，因此形成了大量的"白色污染"，影响了农村的景观环境。

由于残膜在农村造成的污染十分普遍，而且废旧农膜的视觉效果是白色的，因此形成了大量的"白色污染"

79. 造成农膜污染的主要原因是什么？

（1）农膜用料和质量欠佳。国内使用的大量农膜原料熔融指数偏高，一些不宜用于制造农膜的树脂（如耐老化性差的高密度聚乙烯）也被用作农膜原料，存在强度低、耐用性差、寿命短的问题，这些农膜更易破碎。这样的农膜约占总量的 1/5。

（2）农膜污染防治制度不健全。我国尚未建立农膜使用环境安全方面的制度，没有对农膜污染进行日常监测，农膜污染还处于监管范畴之外。

（3）农膜回收机制不完善。我国还没有建立比较完善的废旧农膜回收机制和体系，废旧农膜收购价格低，调动不了农民等相关参与者的积极性。目前的回收模式也只能做到清理和回收大张废旧膜，而大量细碎残膜则难以清理。

（4）废旧农膜处理途径不畅。目前，大量被回收的农膜得不到合理的处置，乱堆乱放、随风飘散或者随水漂流，造成更大面积的污染；或者简单地进行露天焚烧，造成大气污染。

农膜污染防治制度不健全

农膜回收机制不完善

废旧农膜处理途径不畅

农膜用料和质量欠佳

造成农膜污染的主要原因

80. 农膜污染对农田耕作会产生哪些不利影响？

农膜污染对农业生产影响较大。在进行耕地、整地、播种等农事操作时，残留农膜易吸附、缠绕在农机具上或堵塞播种机，影响机器正常运转，严重时甚至会损坏机具。例如，在机械采摘棉花的过程中，常有残膜被混入棉花中，难以清理，严重影响了机采棉的质量。

81. 农膜污染对畜禽有哪些影响？

近几年，残留农膜对畜禽的健康危害越来越明显，混杂在牧草饲料中的废膜被牲畜误食，会导致牲畜便秘和肠梗塞，引起胀肚等疾病，病情严重的甚至引起死亡。例如，2010 年对酒泉市农膜使用及污染的调查就发现，废弃农膜与秸秆、牧草混在一起被牲畜误食引起了疾病。

82. 农膜污染对人体有哪些危害？

农膜中添加了大量的塑化剂，这种物质伴随着农膜的使用，会释放到土壤中污染农田，并随着食物链进入人体，最重要的是这类塑化剂大都具有致癌、致畸和致突变的"三致"作用，会导致人体新陈代谢紊乱，对人体生殖系统产生危害，成为潜在的威胁人体健康的化学污染物。

83. 解决农膜污染问题有哪些途径?

解决农膜污染问题的途径

（1）制定出台废旧农膜回收、加工的扶持政策、鼓励和优惠政策，提高农民回收农膜和废物加工企业的生产积极性。

（2）严格控制超薄农膜的生产和使用，以降低农膜回收的难度。

（3）研制推广可降解性农膜，对可降解农膜的生产、加工使用予以政策和资金扶持，降低可降解农膜推广使用的成本。

（4）加大对农膜回收自动化器具的研制推广力度，提高农膜回收效率，降低成本，使农膜污染从根本上得到解决。

（5）研究推广农膜回收、再生等其他利用技术。

84. 可降解农膜有哪些品种？

可降解农膜可分为光降解膜（受光照可分解）、生物降解膜（可被环境中的微生物分解）和双降解膜（可同时被光和微生物降解）。

（1）光降解膜。主要采用合成树脂中加入光敏剂的方法使之降解。在自然光下可自行降解，但埋土部分不降解，而且降解后碎片不易继续分化或被土壤同化，土壤污染问题仍得不到根本解决。

（2）生物降解膜。其填充的材料中大多是淀粉、纤维素，可以代替石油。其优点在于：一方面由于其可以完全降解，具有环保意义；另一方面在当今石油短缺的情况下其可完全代替石油。

（3）双降解膜。这种膜不但有生物降解膜已有的特性，还向膜内填充了光敏剂，地面部分主要引入光降解技术，埋土部分引入生物降解技术。用后无论埋土部分还是地面部分均可降解。尽管地面和埋土部分降解速度还不完全相同，但埋土部分已降解到不影响下季耕作的水平，并能稍后进一步被土壤所同化。在辽宁地区开展的双降解膜应用试验研究中，露土部分当年可全部降解，埋土部分当年可降解35%，3 年可完全自然降解。

85. 废旧农膜为什么不能随意焚烧？

农膜是聚氯乙烯高分子化学物质，焚烧过程中会产生大量的烟雾和CO_2温室气体，以及氯化氢、二噁英等有毒气体，对大气环境产生二次污染。

二噁英

烟雾

氯化氢

CO_2温室气体

由于我国农膜回收未形成体系化的管理，很多农民像对待秸秆一样，将废旧的农膜就地焚烧处理，但是焚烧农膜的危害是很大的。农膜是聚氯乙烯高分子化学物质，焚烧过程中会产生大量的烟雾和 CO_2

温室气体，以及氯化氢、二噁英等有毒气体，对大气环境产生二次污染；如果焚烧烟气被人吸入，就会对人的眼睛、鼻子、咽喉等造成刺激，轻则咳嗽，重则引起支气管炎，因此废弃农膜不能随意焚烧。

86. 防治农膜污染要制定哪些法律法规？

防治农膜污染要完善我国现行的法律法规，农膜的生产、使用和回收环节都要严格管理。

（1）建立农膜质量标准体系，对农膜的厚度、强度、抗老化剂、增塑剂的类型和标准提出更严格的要求。

（2）建立农膜使用环境安全监管制度，将农膜污染纳入环保例行监测工作。

（3）依据农膜厚度标准，制定法规，严禁超薄农膜的生产和销售。

（4）参照发达国家土壤农膜污染控制标准，建立我国农膜残留标准，使农膜的回收达到强制化管理程度。

农业污染防治

NONGYE WURAN FANGZHI

知识问答

ZHISHI WENDA

第五部分
农业生产废弃物处置
与利用

87. 何为农业废弃物？其主要类型有哪些？

农田和果园残留物

畜禽粪便

生活垃圾和生活污水

> 农业废弃物是指农业生产、农产品加工、畜禽养殖业和农村居民生活排放的废弃物的总称。包括农田和果园残留物、畜禽粪便、生活垃圾和生活污水等。

农业废弃物是指农业生产、农产品加工、畜禽养殖业和农村居民生活排放的废弃物的总称。包括农田和果园残留物、畜禽粪便、生活垃圾和生活污水等。

按成分可分为植物纤维性废弃物和畜禽粪便两大类。其中，植物纤维性废弃物主要包括农作物秸秆、谷壳、果壳及甘蔗渣等农产品加工废弃物。

按来源可分为第一性生产废弃物、第二性生产废弃物、农副产品加工后的剩余物和农村居民生活废弃物。其中，第一性生产废弃物主要是指农田和果园残留物，如作物秸秆、果树枝条、杂草、落叶、果实外壳等；第二性生产废弃物主要是指畜禽粪便和栏圈垫物等；农村居民生活废弃物主要包括人类粪尿及生活垃圾。

88. 农田和果园残留物有哪些？

农田和果园残留物属于第一性生产废弃物，主要包括种植作物和果树的秸秆、残株、杂草、落叶、果实外壳、藤蔓、树枝和其他废物，属于农业废弃物中最重要的部分。这类废弃物中含有丰富的有机质、纤维素、半纤维素、粗蛋白、粗脂肪和氮、磷、钾、钙、镁、硫等各种营养成分，可广泛用于饲料、燃料、肥料、造纸、轻工食品养殖、建材、编织等各个领域。

农田和果园残留物属于第一性生产废弃物，主要包括种植作物和果树的秸秆、残株、杂草、落叶、果实外壳、藤蔓、树枝和其他废物，属于农业废弃物中最重要的部分。

89. 农副产品加工废物包括哪些？

（1）食品加工工业废弃物：如蔬菜、水果、坚果等植物性原料的加工产业；家畜、家禽、鱼类等肉食加工废弃物；粮食谷物、种子和无生命的原料如糖、淀粉、盐的加工废弃物。

（2） 工业原料加工废弃物：农作物作为工业原料进行造纸、加工汽车装饰件、植物地膜、餐具、包装材料等产生的废弃物。

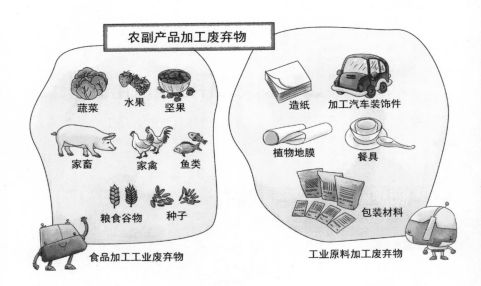

90. 农业固体废物如何收集与运输？

按处理与处置方式或资源回收利用的可能性将农村固体废物分为 4 类：①可堆肥类（有机物）；②惰性类（无机物）；③可回收类；④有害废弃物。

农村各类固体废物的集中收运比较困难，应进行分类收集，就地分化处理掉一部分，无法处理的再集中收运处理，从而减少废物的运输量；分类收集使各组分相互分离，增加纯度，方便进行资源化、能源化和综合利用。

91. 如何处置农业生产废弃物？

还田利用　　　　　　饲料化利用　　　　　　能源利用

> 农业生产废弃物的处置主要包括三个方面。

农业生产废弃物的处置主要包括以下三个方面：

（1）还田利用，主要指秸秆等纤维性植物废弃物的直接还田、间接还田（高温堆肥）和利用生化快速腐熟技术制造优质有机肥三种方式，以及畜禽粪便采用好氧堆肥、厌氧堆肥方式制造有机肥。

（2）饲料化利用，主要指秸秆等纤维性植物废弃物经过微生物处理技术、青贮法、氧化法、热喷法等处理提高其营养价值和可消化性后用作饲料，以及畜禽粪便经过干燥法、青贮法、分解法、热喷法等制作成饲料。

（3）能源利用，指秸秆经过直接燃烧、气化、发酵、压块成型及碳化等技术转化成燃气，以及畜禽粪便经过厌氧发酵转化成沼气。

92. 我国秸秆的产生量有多少？

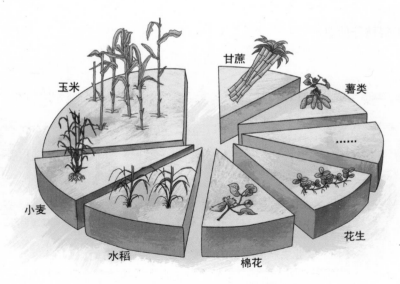

目前我国秸秆年总产量达8亿t

秸秆通常指小麦、水稻、玉米、薯类、油料、棉花、甘蔗和其他农作物在收获籽实后剩余的部分。我国是农业大国，各类农作物秸秆资源十分丰富。农业生产活动中产生的秸秆量相当惊人，据估计，1 kg 稻米可产生 1.5 kg 稻草，1 kg 小麦可产生 1.5 kg 麦秸，1 kg 玉米可产生 4 kg 玉米秸秆，目前全国秸秆年总产量达 8 亿 t。

我国主要作物秸秆有近 20 种，以玉米产生秸秆数量最大，其次为小麦、水稻。在不同省区，秸秆产量与种类有明显差距，如山东、四川、河南、江苏、河北、湖北等省份数量大，而西藏、海南、宁夏等省份数量很少。

秸秆的产量与粮食作物的产量密切相关，所以可通过粮食作物产量来测算秸秆产量，根据不同农作物的产量系数，利用统计年鉴中农作物产量的统计数据，测算出不同农作物的秸秆产量，再进行加和得到秸秆的总产量。

93. 我国秸秆的主要种类及其分布情况如何？

我国秸秆资源的主要种类是稻谷类秸秆、小麦秸秆和玉米秸秆。

我国秸秆资源的总体分布特点是中东部和东北地区资源量大，沿海、直辖市和西部地区资源量小。从不同种类的秸秆资源分布来看，水稻秸秆资源主要分布在湖南、江西、江苏和湖北等 9 个省区；小麦秸秆资源主要分布在河南、山东、河北和安徽等 5 个省区；玉米秸秆资源主要分布在吉林、山东、黑龙江、河南和河北等 7 个省区；豆类秸秆资源主要分布在黑龙江、内蒙古、安徽和四川等 6 个省区；棉花秸秆资源主要分布在新疆、山东、河北、河南和湖北等 5 个省区；花生秸秆资源主要分布在河南、山东、河北、广东和安徽等 5 个省区。

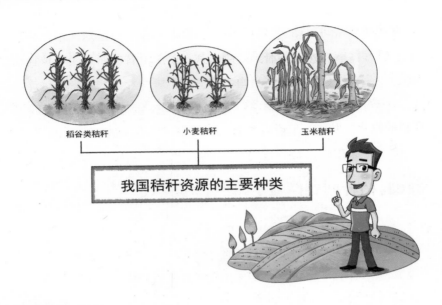

稻谷类秸秆　　　小麦秸秆　　　玉米秸秆

我国秸秆资源的主要种类

94. 秸秆如何进行收储运？

分散型收储运模式

集约型收储运模式

我国秸秆的收储运模式

我国秸秆的收储运模式主要有两种：

（1）分散型收储运模式：是以秸秆经济人为主体，由秸秆经济人把分散农户组织起来，为企业常年提供秸秆资源。

（2）集约型收储运模式：是以专业秸秆收储公司为主体，负责原料的收集、晾晒、储存、保管、运输等。

95. 秸秆问题凸显了哪些管理问题？

秸秆综合开发利用的途径少

综合开发利用面临着技术不成熟、投资比较大、利用率低，产业化程度低等问题

秸秆的综合利用技术普及性较差

政府对秸秆利用企业的服务和支持力度不够

秸秆问题凸显了哪些管理问题？

（1）秸秆综合开发利用的途径少。秸秆还田影响作物生长，秸秆焚烧污染大气环境，我们可以借鉴国外的经验，除传统的将秸秆粉碎还田作有机肥料外，发展秸秆饲料、秸秆气化、秸秆发电、秸秆乙醇、秸秆建材等新路子，大大提高秸秆的利用值和利用率。

（2）综合开发利用面临着技术不成熟、投资比较大、利用率低，产业化程度低等问题。秸秆还田机具价格偏高、利用率低使该技术在推广上存在一定难度，农机部门要积极争取政府支持，加大行政推动力度，建立以国家为导向、农民和农村集体投资为主体的多层次、多形式、多元化的投资新机制，选准机型，加快推广。

（3）秸秆的综合利用技术普及性较差。现在是农民急于焚烧，而政府急于封堵，二者就打起了游击战，这时，我们应该加大宣传力度，提高农民认识，转变农民思想观念，纠正长期单纯依赖化肥的思想，帮助他们树立环保意识，改变落后习惯，逐步建立用地养地相结合的良性循环机制。

（4）政府对秸秆利用企业的服务和支持力度不够。政策和资金投入不足，市场运作力度还很不够，导致秸秆综合利用技术的推广存在一定难度，秸秆问题必须通过市场化的途径加以解决，即要以市场化的理念来认识秸秆的资源价值，看待其发展前景，要以企业化的制度来推进秸秆的综合利用，拓宽其开发利用的途径。同时还要明确和突出政府对秸秆综合利用的主要责任。

96. 秸秆焚烧对大气会产生哪些危害？

焚烧秸秆使大气中 PM_{10}、CO、SO_2、NO_2、$PM_{2.5}$ 等污染物浓度急剧增高，增加了雾霾天气发生的概率；农作物秸秆中含有氮、磷、钾、碳、氢元素及有机硫等，经不完全燃烧会产生大量氮氧化物、碳氢化合物、烟尘等，在阳光作用下还可能产生二次污染物臭氧等。

焚烧秸秆使大气中PM_{10}、CO、SO_2、NO_2、$PM_{2.5}$等污染物浓度急剧增高，增加了雾霾天气发生的概率。

97. 秸秆焚烧对土壤的损坏有哪些？

（1）秸秆焚烧会使土壤有机质、全氮及碱解氮含量下降，而土壤速效磷、速效钾含量会因为秸秆灰分残留而有所增加。

（2）秸秆焚烧使土壤有机质含量降低，土壤结构遭到破坏，保肥能力下降，微生物数量减少，转化养分的速率减小。

（3）秸秆焚烧使土壤水分大量蒸发，并且由于土壤有机质被破坏，土壤保水能力下降。

秸秆焚烧对土壤的损坏

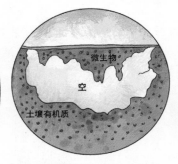
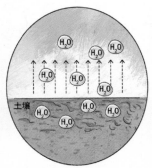

秸秆焚烧会使土壤有机质、全氮及碱解氮含量下降，而土壤速效磷、速效钾含量会因为秸秆灰分残留而有所增加

秸秆焚烧使土壤有机质含量降低，土壤结构遭到破坏，保肥能力下降，微生物数量减少，转化养分的速率减小

秸秆焚烧使土壤水分大量蒸发，并且由于土壤有机质被破坏，土壤保水能力下降

98. 秸秆有哪些饲料化途径？

（1）秸秆氨化：主要是用液氨或尿素、碳铵的水溶液对切碎的秸秆等废物进行氨化处理，改善原料的适口性和营养价值。

（2）秸秆青贮：将新鲜的秸秆填入密闭的青贮窖或青贮壕内，经过微生物发酵作用调制成一类青绿多汁饲料。通过青贮处理可以使原来粗硬的秸秆变软熟化，增加原料的营养价值和可消化率，是牲畜的好饲料。目前常用的青贮方法有窖贮、塔贮和袋贮三种。

（3）秸秆微生物处理：应用微生物工业技术，采用生物工程手段，将秸秆、木屑等农业植物纤维性废弃物加工为微生物蛋白产品，其应用的微生物包括细菌、酵母菌及微型藻类，发酵主要有液体发酵和固体发酵两种方式。

（4）秸秆热喷：秸秆经蒸汽处理后，进行增压、突然减压、热喷处理，原料受到热效应和喷放机械效应两个方面的作用后，改变了结构，提高了消化率。

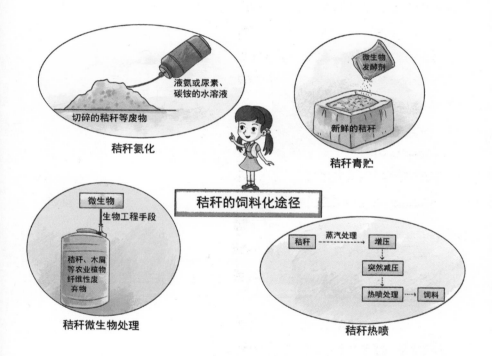

99. 我国在秸秆能源化利用方面制定了哪些政策？

（1）《可再生能源发电管理办法》，对可再生能源发电的行政管理体制、项目管理和发电上网等作了进一步明确的规范。

（2）《可再生能源上网电价及费用分摊管理试行办法》，对法律规定的上网电价和费用分摊制度作了相对比较具体的规定。

（3）《电网企业全额收购可再生能源电量监管办法》，再次重申了电网企业全额收购可再生能源电量和优先上网的政策，并对相关事宜做出了详细的规定。

（4）《可再生能源电价附加收入调配暂行办法》，落实了可再生能源发电企业的电价补贴。

《可再生能源上网电价及
费用分摊管理试行办法》

《电网企业全额收购可
再生能源电量监管办法》

《可再生能源电价附加
收入调配暂行办法》

《可再生能源发电管理办法》

我国在秸秆能源化利用方面制定了哪些政策？

100. 秸秆的能源化利用途径有哪些？

（1）秸秆直接供热：是一种传统的能量转化方式，具有经济方便、成本低廉、易于推广等优点。

（2）秸秆制沼：将秸秆和人畜粪便等在厌氧条件下，经多种微生物的作用，降解成简单而稳定的物质和以甲烷为主要成分的沼气，可直接用于生产和生活。

（3）秸秆固化成型：将秸秆粉碎后，添加适量的黏结剂和水混合，施加一定的压力使其固化成型，即得到棒状或颗粒状"秸秆炭"，具有易着火、干净卫生、使用方便、燃烧效率高的特点。

（4）秸秆气化：将秸秆、杂草及林木加工剩余物在缺氧状态下加热反应转换成燃气。气化后的可燃气体可作为锅炉燃料与煤混燃，也可作为管道气为城镇居民集中供气，或驱动燃气发电机或燃气内燃机发电。

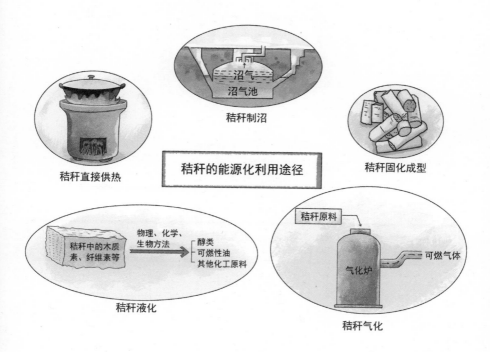

秸秆制沼

秸秆直接供热　　秸秆的能源化利用途径　　秸秆固化成型

秸秆液化　　秸秆气化

（5）秸秆液化：通过物理、化学、生物方法，使秸秆中的木质素、纤维素等转化为醇类、可燃性油或其他化工原料。方法主要包括：生物质水解发酵制燃料乙醇技术、生物质直接液化技术和生物质裂解

液化技术。以秸秆作原料制造的生物质燃料乙醇不但是可再生能源，
而且可作为汽油的替代能源，减少温室气体的排放。

101. 秸秆如何发酵产沼？

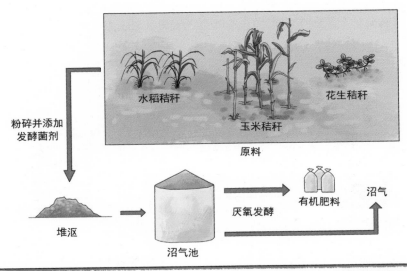

秸秆发酵产沼气是指以水稻、玉米、花生等农作物秸秆作为原料，经过粉碎并添加发酵菌剂做堆沤等预处理后，加入沼气池进行厌氧发酵来生产沼气和有机肥料。

　　秸秆发酵产沼气是指以水稻、玉米、花生等农作物秸秆作为原料，经过粉碎并添加发酵菌剂做堆沤等预处理后，加入沼气池进行厌氧发酵来生产沼气和有机肥料。农作物秸秆发酵产沼气技术主要是以厌氧消化和生物酶技术为主。厌氧消化反应的主要机理是有机物在厌氧条件下被微生物分解，转化成甲烷和二氧化碳等，并合成自身细胞物质。秸秆的厌氧消化反应是一个生物化学转化过程，一般可分三个阶段：

第一阶段是水解阶段,将秸秆中不可溶复合有机物转化成可溶化合物;

第二阶段产酸阶段,可溶化合物再转化成短链酸与乙醇;

第三阶段是产甲烷阶段,在产甲烷菌的作用下将短链酸和乙醇转化成甲烷。

上述产物再经各种厌氧菌转化成为以甲烷与二氧化碳为主的可燃混合气体,即沼气。

102. 秸秆在工业上的应用有哪些?

秸秆可作为建材、轻工和纺织原料,既可以部分代替砖、木等材料,还可有效保护耕地和森林资源。秸秆墙板的保温性、装饰性和耐久性均属上乘,许多发达国家已将"秸秆板"当作木板和瓷砖的替代品广泛应用于建筑行业。

秸秆可作为建材、轻工和纺织原料，既可以部分代替砖、木等材料，还可有效保护耕地和森林资源。秸秆墙板的保温性、装饰性和耐久性均属上乘，许多发达国家已将"秸秆板"当作木板和瓷砖的替代品广泛应用于建筑行业。此外，经过技术方法处理加工秸秆还可以制造人造丝和人造棉，生产糠醛、饴糖、酒和木糖醇，加工纤维板等。

103. 秸秆如何肥料化处理还田？

堆沤还田
烧灰还田
过腹还田
菇渣还田
沼渣还田

直接还田

秸秆间接还田

秸秆直接还田

秸秆肥料化还田的方法主要有直接还田和间接还田。

秸秆肥料化还田的方法主要有直接还田和间接还田：

（1）秸秆直接还田：秸秆处理时间短，腐烂时间长，是用机械对秸秆简单处理的方法。

（2）秸秆间接还田：间接还田技术包括堆沤还田、烧灰还田、过腹还田、菇渣还田和沼渣还田。其中秸秆堆沤还田也称高温堆肥，是解决我国当前有机肥源短缺的主要途径。秸秆生化腐熟快速还田，利用生化快速腐熟技术制造优质有机肥，是一种新型的还田技术，具有自动化程度高、腐熟周期短、产量高、无环境污染、肥效高等特点。

104. 秸秆作为基料有哪些应用？

目前利用秸秆生产平菇、香菇、金针菇、鸡腿菇等技术已较为成熟。

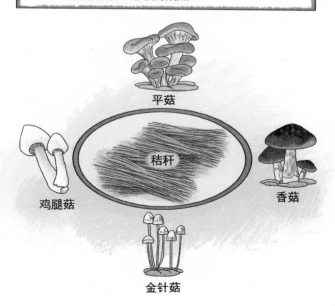

秸秆用作食用菌基料是一项与食品有关的技术。食用菌具有较高的营养和药用价值，利用秸秆作为生产基质，可大大增加生产食用菌的原料来源，降低生产成本。目前利用秸秆生产平菇、香菇、金针菇、鸡腿菇等技术已较为成熟，但技术条件要求较高，用玉米秸秆和小麦秸秆培育食用菌的产出率较低。

NONGYE WURAN FANGZHI

农业污染防治 ZHISHI WENDA
知识问答 ■

第六部分
农业污染综合防治政策
与技术导向

105. 我国农业污染综合防治政策涵盖哪些方面？

　　农业污染综合防治政策涵盖了农田、畜禽养殖、水产养殖等几个方面，农业污染综合防治政策主要有：化肥产业支持政策、畜禽粪便的无害化处理与资源化利用政策、重点流域水污染综合防治政策、退耕还林还草政策。

农业污染综合防治政策涵盖了农田、畜禽养殖、水产养殖等方面

畜禽养殖

水产养殖

农田

　　（1）化肥产业支持政策。

　　新中国成立近 70 年来，我国政府为了促进农业生产、提高粮食产量对被称作粮食的"粮食"的化肥，除了进行较大规模投资建设化肥生产装置之外，在政策上给予了化肥产业以多种形式的支持和扶持，概括起来有以下七个方面：①对化肥生产企业的原料和能源价格提供优惠；②对化肥运输价格提供优惠；③对化肥产品增值税实施税收优惠；④对化肥出口实施退税优惠；⑤对进口化肥及原材

料实施低关税和减免增值税；⑥对冬储化肥贷款实施财政贴息政策；⑦对化肥产品价格实行直补政策。

（2）畜禽粪便的无害化处理与资源化利用政策。

总体思路是从实际出发，借鉴国外经验，以保护和改善农村生态环境为目的，以粪便资源化和综合利用为立足点，以环境容量为基准，以减量化、资源化、无害化及实用、廉价为原则，合理规划、防治结合、强化管理，努力探索具有中国特色的规模化畜禽养殖污染防治道路。主要包括：① 实施种养区域平衡一体化；②加大畜禽粪便处理技术推广力度；③加强畜禽养殖业的环境管理；④采取多管齐下的宏观性管理手段；⑤加强畜禽养殖污染防治的适用技术、工艺的研发，包括利用畜禽粪制沼气、发电等技术；⑥强化宣传和教育，提高各级领导和养殖者的环境意识、实现有效的管理和技术推广等。

（3）重点流域水污染综合防治政策。

"十二五"水污染防治重点流域包括淮河、海河、辽河、松花江、黄河中上游、三峡库区及其上游、巢湖、滇池、太湖、丹江口库区及上游等10个流域，共涉及23个省（自治区、直辖市），251个市（州、盟），1 555个县（市、区、旗）。根据流域自然汇水特征与行政管理需求，重点流域共划分36个控制区、318个控制单元。总体目标是：到2015年，主要污染物排放量持续削减；城镇饮用水水源水质基本稳定达标；重点城市水体、主要污染支流以及跨省界断面水环境质量明显改善，重点湖泊富营养化有所减轻；水功能区达标率进一步提高；部分水域水生态逐渐恢复，特有种种类及种群规模有所增加；环境监测、预警与应急能力显著提高，流域水环境监管水平全面提升。

（4）退耕还林还草政策。

国务院2002年下发的《关于进一步完善退耕还林政策措施的若

干意见》（国发〔2002〕10 号），制定了一系列的鼓励政策，包括四个方面：① 国家无偿向退耕户提供粮食、现金补助；② 国家向退耕户提供种苗和造林费补助；③退耕地还林的农业税征收实行减免政策；④退耕还林土地承包经营权的期限和造林后荒山荒地的承包经营权的期限延长到 50 年。

106. 我国农业污染综合防治政策框架包括哪些？

我国农业污染综合防治政策框架

我国农业污染综合防治政策框架包括：农业污染综合防治技术标准导则，农业污染综合防治工程技术规范，农业污染综合防治法律、法规及管理办法。农业污染综合防治技术法律法规是制定标准导则的依据，法律法规与导则为工程技术提供规范性指导，管理办法是法律法规与导则的细化，为环境管理提供依据。

107. 我国现行农业污染综合防治技术标准导则和规范有哪些？

我国现行农业污染综合防治技术标准导则主要类型

我国现行农业污染综合防治技术标准导则和规范主要有以下几类：

（1）种植业及其相关类别。《农田灌溉水质标准》和《渔业水质标准》分别规定了农田灌溉用水和渔业水域的水质标准、监测与分析方法。《化肥使用环境安全技术导则》和《农药使用环境安全技术导则》分别规定了化肥和农药环境安全使用的原则、污染控制技术措施和管理措施等相关内容。《温室蔬菜产地环境质量评价标准》和《食用农产品产地环境质量评价标准》分别规定了以土壤为基质种植的温室蔬菜产地和食用农产品产地土壤环境质量、灌溉水质量和环境空气质量的各个控制项目及其浓度（含量）限值和监测、评价方法，《有机食品技术规范》规定了有机食品的生产、加工、贸易和标识等要求。

（2）养殖业类。《畜禽养殖业污染治理工程技术规范》规定了畜禽养殖业污染治理工程设计、施工、验收和运行维护的技术要求；《规模化养殖场沼气工程技术规范》规定了规模化畜禽养殖场沼气工程的设计范围、原则以及主要参数选取要求。

（3）农业废弃物类。《户用农村能源生态工程、南方模式设计施工与使用规范》规定了户用农村能源生态工程南方模式总体设计、建设要求及沼肥综合利用方法。

108. 我国现行农业污染综合防治法律、法规及管理办法有哪些？

《农药管理条例实施办法》规定了农药登记、经营、使用和监督原则。

我国现行农业污染综合防治法律、法规及管理办法主要有《农产品质量安全法》《基本农田保护条例》《秸秆禁烧和综合利用管理办法》《畜禽养殖污染防治管理办法》和《农药管理条例实施办法》。其中《农产品质量安全法》规定了农产品生产、包装等安全标准；《基本农田保护条例》规定了基本农田的划定、保护和监督管理；《秸秆禁烧和综合利用管理办法》规定了秸秆焚烧管理办法、秸秆综合利用方法；《畜禽养殖污染防治管理办法》规定了畜禽养殖污染综合利用资源化、无害化、减量化的原则、方法和监督管理；《农药管理条例实施办法》规定了农药登记、经营、使用和监督原则。

109. 我国现行农业污染综合防治政策取得了哪些成效？

我国现行农业污染综合防治政策取得的成效

大力开展标准农田项目建设

大力开展农村户用沼气建设

我国农业污染综合防治政策多以规范性文件的形式出现，如《秸秆禁烧和综合利用管理办法（1999）》《肥料管理条例（2006）》《农药管理条例（2011）》《畜禽规模养殖污染防治条例（2013）》等。2013 年修订的《农业法》强调了对农业污染的综合防治，为地方政府制定农业污染相关政策法规、规范环境执法行为提供了法律依据。

各地方政府以"两减一控一提高"为重点，即减少农药施用量、减少不合理化肥用量、控制高毒高残留农药的使用、提高农业"三废"资源化利用水平，大力开展农业面源污染防治工作，深入推进农村环境综合治理。

（1）大力开展农村户用沼气建设，引导农户"一池三改"，有效促进了农村居家环境整治和人畜粪便无害化处理，年产沼气还可增收节支创效益，使农民用上了清洁能源，产生了显著的经济效益、社会效益和生态效益。

（2）大力开展标准农田项目建设，有效控制水土流失。项目实施后，项目区耕地地力提高了 1 个等级，渠系水利用系数从 0.3 提高到 0.75 以上，肥料利用率提高 10% ～ 15%，显著提高项目区农业综合生产能力。

（3）大力推广测土配方施肥技术，减少不合理化肥施用量，有效控制了过量施肥对土壤和水体的污染。

（4）大力开展主要农作物病虫绿色防控示范，推广稻鸭共育、灯光诱杀、黄板诱杀、性诱剂诱杀、食物诱杀、生物农药等绿色防控技术，绿色防控技术示范区农药施用量减少 5% 以上。

（5）有序开展农产品质量安全管理工作，建立了农产品质量安全管理五大体系：检测体系、认证体系、监管体系、标准化体系和执法体系。

110. 我国现行农业污染综合防治政策存在哪些不足？

（1）缺乏健全农业可持续发展环境政策的法规体系。

现行农业污染综合防治政策基本以单项政策为主，尚未形成政策体系。国家制定了一系列环境保护法律、资源管理法律以及有关的行政法规。但我国还没有专门的农业环境资源保护法规或条例，尽管现有的《环境保护法》包含了农业环境问题，但未能将农业环境与农业自然资源保护协调起来，特别是不合理的农业生产方式对环境造成的污染和破坏还缺乏相应的认识和政策措施。今后应加速相关法规的制定，同时应加大执法力度。根据日本的经验，解决农业环境问题必须通过加强农业可持续发展的立法。我国虽然已经出台了《农业基本农田保护条例》《土地管理法》等，但对农业环境保护还缺乏完善的立法保障。

（2）现行政策中环境友好型农业生产方式的优惠政策较少。

环境政策的制定应与经济的发展相适应，我国现行的农业环境政策仅注重对环境效果的提高，忽视环境政策对农业发展的经济效应。应建立通过税收、补贴等经济手段引导农业生产者主动采用环境友好型生产方式和技术的政策。此外现行的农业环境政策存在补偿标准低、补偿量不足的现象，而采用环境友好技术本身存在一定风险，如果激励程度不足就会导致主体缺乏积极性。有机农业、生态农业等新型农业生产方式可以较好地解决环境问题和食物安全问题，是目前国际上采用的最有效的生产方式，可以在保护环境的同时提高产品的质量，达到生产的可持续性和安全性。政府应对有机农业、生态农业等环境友好型生产技术的研发和实施给予政策支持，采取直接补贴的方式鼓励环保型农业的发展。

（3）现行政策是否适合以非点源为特征的农业污染还有待深入研究。

对农业非点源污染的认识和评估很重要，缺乏必要的认识就会阻碍政策的实施。农业污染尤其是非点源的治理有其固有的困难，这些政策在农业污染源控制方面的作用并不明显。主要因为当时人们对农业非点源污染的认识还十分有限，认为农业非点源不重要，重要的是工业点源污染。而现行政策也严重倾向于点源污染的治理，对农业污染源进行控制缺乏必要的技术和财政支持，结果很多地方减弱了或延迟了管理计划大范围的应用。

111. 美国农业污染综合防治有哪些先进经验？

美国在《联邦水污染控制法》《清洁水法》《水质法》中均明确并强调了控制农业污染的重要性，同时制订了土地退耕计划、在耕土地保护计划、农业土地保留计划、交叉遵守计划、强制性计划等，对农业污染起到了有效预防作用。

美国农业污染治理政策总是立法先行，通过制定法律、法规和标准，确立相关的政策框架，然后制订各种行动计划来推动政策实施。有些计划将几种政策手段混合使用并获得较好的效果。美国的农业污染治理通常在联邦和州两个层面开展，联邦和各州在农业污染治理方面的侧重点各有不同。比如联邦侧重地表水管理，各州侧重地下水管理等。

（1）美国的农业污染及其成本评估。

为确认农业污染造成的损失以及为政策、决策提供科学依据，美国开展了农业污染成本评估。这些评估包括：①土壤侵蚀的损害；

②硝酸盐的损害；③农药残留的损害；④病原体的损害。

（2）美国农业污染治理的法规、标准体系。

①《清洁水法》（the Clear Water Act，CWA）。CWA 是美国针对水质问题制定的主要联邦成文法之一，构建了联邦和各州现行水质保护的政策框架，它的重点目标在于保护地表水，同时也为联邦、州和地方政府开展地下水污染治理计划提供了法律指南（USEPA，1998）。CWA 确立的排放许可制度和总量控制制度，为美国排污交易政策的实施提供了法律基础。而美国的排污交易体系堪称法规、标准、经济激励与自愿参与组合政策的典范。1987 年 CWA 修正案还首次提出了对点源与非点源污染实行统一管理的行动计划。

②《海岸带再授权修正案》（the Coastal Zone Act Reauthorization Amendments，CZARA）。CZARA 确立了海岸带非点源污染治理计划，依据该法制定的海岸带非点源污染治理规划，直接用于解决非点源污染问题，根据 CZARA，州海岸带非点源污染治理计划必须规定执行最佳管理实践的方法。

③ CWA 和 CZARA 主要针对地表水立法，对于地下水问题，在美国可依据四个联邦成文法来解决，它们是《安全饮用水法》《资源保护和恢复法》《环境响应、赔偿与责任综合法》和《联邦农药、杀真菌剂和杀鼠剂法》。其中，《安全饮用水法》和《联邦农药、杀真菌剂和杀鼠剂法》直接涉及农业污染治理。《安全饮用水法》（SDWA）要求美国国家环保局制定饮用水质量标准，并对公共水系统的水处理提出规定和要求；《联邦农药、杀真菌剂和杀鼠剂法》（FIFRA）是针对有潜在危险的产品而制定的。根据该法，美国国家环保局负责制定和实施农药登记制度，规定农药在被批发、零售和配送之前，农药经营者要按照农药的安全性和有效性，对其指定用途进行登记。

（3）美国农业污染治理的行动计划。

美国国家环保局实施了很多与水质有关的计划，有一些计划直接涉及农业生产者。这些计划运用财政、教育、研究与发展等政策工具，帮助农民自愿采纳有助于保护水资源和实现其他环境目标的管理实践。

112. 日本农业污染综合防治有哪些先进经验?

日本在不同时期根据农业经济发展的需要，相继出台了相关的环境保护政策和措施，大力推动了农业和农村环境保护，使农业经济步入了可持续发展的轨道。其政策特征主要表现在六个方面。

（1）农业环保主要依赖国家政策的支撑。

农业作为弱势产业在市场竞争中处于不利地位，对于工业高度发达的日本来说，农业的弱势性尤为明显，因此农业的发展必须得到政府的宏观调控和支持，农业环境保护也离不开政府的政策支持。日本开展农业环境保护主要是依靠政府在不同时期制定和实施的各种政策和措施，这些政策、措施在日本进入农业可持续发展道路进程中发挥了巨大的引导和促进作用。

（2）以立法形式确保农业环保政策的推进。

立法是确保农业环境保护政策得以有效实施的基础。通过立法把各种政策、目标和措施法律化。以农业基本法为核心制定了一系列的农业环境保护法律，这些法律具有延续性和关联性，并在必要时进行修改和补充。

（3）以法律为准绳制定相应的配套政策和措施。

例如，《有机农业法》出台之后，又相继颁布实施了《有机农产品蔬菜、水果特别标志准则》《有机农产品生产管理要点》《有机食品生产标准》《有机农产品及特别栽培农产品标准》等，都道府县、市町村等地方政府根据当地的具体情况，制定了多种多样的区域环境保护型农业推进方针和实施方案。

（4）政策具体且针对性强。

政府对农业实施的各项优惠政策不再是对价格的支持而是对收入的支持，且与农业环境保护密切相关。如：为从事有机农业生产的农户提供农业专用资金无息贷款；对堆肥生产设施或有机农产品贮运设施等进行建设资金补贴和税款的返还政策；对采用可持续型农业生产方式的生态农业者给予金融、税收方面的优惠政策等。这些优惠政策鼓励了农业经营者的积极性，为促进农业环境保护和可持续农业生产起到了重要作用。

（5）改变农业生产方式，推动农业环境保护。

农业环境问题的产生主要是由高投入、高产出、高能耗的生产方式带来的，因此改变农业生产方式是保护和治理农业环境的关键。生态农业、有机农业等环境友好型农业生产方式不仅提高了产品质量和安全标准，也有效地保护了环境。目前日本的环境友好型农业主要包括三种类型：一是减化肥、减农药型农业，通过减少化肥和农药的使用量，以减轻对环境的污染及食品有毒物质含量；二是废弃物再生利用型农业，主要是构筑畜禽粪便的再生利用体系，通过对有机资源和废弃物的再生利用，减轻环境负荷，预防水体、土壤、空气污染，促进循环型农业发展；三是有机农业型，完全不使用化学合成的肥料、农药、生长调节剂、饲料添加剂等外部物质的投入，通过植物、动物的自然规律进行农业生产，使农业和环境协调发展。

（6）建立健全环保型农业的生产、认证制度。

政府通过制定指导性的技术线路，既指导了农民生产，又在产品质量、规格标准和安全上进行全面控制，以实现政府的环境政策目标。日本对持续农业生产方式规定了 3 大类 12 项技术指标，在有机农产品和特别栽培农产品上对化肥和农药的使用方式和数量也进行了具体规定，并确立检查认证制度，这些规定使日本的农产品生产有了统一的技术标准和质量安全保证。

日本农业污染综合防治先进经验

113. 欧盟农业污染综合防治有哪些先进经验？

欧盟自成立以来，在应对农业污染方面的主要政策和措施有：

结构性基金项目帮助结构性调整，造林和环境保护有关政策，农业、林业、乡村发展研究，农业再生资源的保护和利用。这些政策和措施都有利于改善农村环境、防止农业污染。

欧盟在应对农业污染方面的主要政策和措施

农业、林业、乡村发展研究

结构性基金项目帮助结构性调整

造林和环境保护有关政策

农业再生资源的保护和利用

　　欧盟环境政策体系由三种相互联系的环境政策，即成员国国内环境政策、欧盟环境政策和国际环境政策组成。

　　（1）欧盟通过环境立法和共同农业政策来控制农业非点源污染。与农业污染有关的主要政策措施包括：《饮用水指令》（the Drinking Water Directive）、《硝酸盐指令》（the Nitrates Directive）和《农业环境条例》（the Agri-Environmental Regulation）。共同农业政策包括实施市场方法和农村发展项目。

　　（2）所有的成员国都在努力采取措施将农业活动对环境的影响控制在一定的程度，主要措施包括：① 某些情况下的环境税（如瑞典的化肥税、丹麦的农药税、荷兰的粪肥税）；②自愿签约计划，通过参加这类计划农民可以接受某些管理限制要求，并得到相应的补偿；③规制、标准管理，如存栏率限制、施肥率限制、施肥时间限制、农药管理、对可能导致污染的物质的储存的应有的管理标准。自愿签约的计划主要用于野生生物和景观保护领域，在这些地方，对农民生产的公共产品给予支付的观点已经得到整个社会的认同。环境税和规制标准主要用于环境恶化的领域，如水污染。

（3）农业 - 环境政策一体化。20 世纪 80 年代以来，欧盟环境政策一体化原则逐渐形成和发展，促进了环境政策领域的扩展和环境政策手段的扩大。环境政策一体化是指将环境目标纳入共同体的其他政策领域。对于农业领域，其重要贡献在于为农业与环境一体化发展提供了指南。根据这个原则，所有的农业政策在提交给各成员国通过之前，都要根据其环境影响进行评价。在这个原则基础上发展起来的农业与环境一体化思想，要求人们在制定和实施农业政策时要对其引起的环境问题加以充分考虑，如减少农业污染的必要性等；同样，在制定和实施环境政策时也要全面考虑它们对农业产量、收入和价格的潜在影响。这是一个双向的过程。

（4）采取范围更广泛的混合性手段。在环境政策扩大到农业领域之前，欧盟的环境政策行动规划几乎只依靠法律手段。为了改变这种倾向和做法，促进社会各阶层共同分担责任，欧盟逐渐把环境政策手段扩大到市场、财政、社会等领域，包括法律措施、市场激励、行业支持、财政支持等手段在内的政策体系，运用规划和标准、经济和财政激励、教育和培训、研究与开发、建立环境基金等各种方式，来促进环境保护政策和环境行动规划的实施。欧盟各国实行的控制非点源污染的政策有自愿性和强制性两种。不同的政策可以产生不同的效果，其经验是根据实际情况制定和实施政策。总之，在欧洲大多数国家中实施"胡萝卜加大棒"的政策比较可行，而成功的自愿性政策都引入了咨询系统。

114. 我国农业污染综合防治政策导向是什么？

我国农业污染综合防治政策导向包括：减少使用化肥、农药、农膜以及农用能源等化工类农业生产资料；将废弃物能源化、肥料化和饲料化；把农产品作为再生资源重新投入生产系统，加工成环保型生产资料或消费品。

115. 我国化肥污染综合防治技术导向是什么？

我国化肥污染综合防治技术导向主要有：

（1）推广配方施肥技术：配方施肥主要有地利分级估产配方法、目标产量配方法、养分丰缺指标法和氮磷钾比例法。

（2）改进施肥方法：改进方法主要有化肥与有机肥配合施用，氮肥坚持深施覆土，磷肥集中并与氮肥、有机肥混合施用等；增施有机肥，包括秸秆、畜禽粪便、绿肥等；采取合理的农艺措施来减少化肥污染，如引草入田、草田轮作、粮食经济作物带状间作和根茬肥田等。

116. 我国农药污染综合防治技术导向是什么？

通过开展综合防治，禁止施用高毒、高残留农药等以减少农药残留。

我国农药污染综合防治技术导向主要有以下几个方面：使用生物降解农药；推广生物农药；积极发展固相合成农药；用 MLHD（除草剂最低致死剂量使用技术）减少农药污染；控制农药包装废弃物；禁止施用高毒、高残留农药等以减少农药残留；调整农药的施用结构、施用方式及施用量；启用在线生物检测技术，预防农药突发性污染。

117. 我国农膜污染综合防治技术导向是什么？

我国农膜污染综合防治技术主要包括两方面：一方面致力于研制开发可控降解地膜，已有的种类包括光降解地膜、生物降解地膜和双降解地膜。

另一方面通过合理的农艺措施，增加农膜的重复使用率，如一膜两用、一膜多用等技术。一膜多用主要有下面几种方法：①一次覆盖，多茬接种；②先作小拱棚，再作地膜；③地膜平盖，多次使用；④旧膜套新膜，双膜覆盖；⑤沟畦覆盖，多次使用。

118. 我国秸秆资源化和循环利用技术导向是什么？

我国秸秆资源化和循环利用技术导向主要包括：肥料化利用技术，主要是秸秆还田；饲料化利用技术，将作物秸秆氨化、青贮、直接喂养牲畜等；秸秆能源化利用，利用沼气进行发酵，与畜禽粪便等有机废弃物一起转变为有用的资源进行综合利用；秸秆气化，气化后的可燃气体可作为锅炉燃料与煤混燃。

秸秆资源化和循环利用技术导向主要包括

饲料化　　秸秆能源化

肥料化　　秸秆气化

119. 生物技术在农业污染综合防治中有哪些应用？

生物技术在农业污染综合防治中的应用有：微生物治理水体富营养化污染、重金属污染、氰化物污染；生物有机肥料化改良和修复土壤；利用生物技术研制的微生物农药，预防土壤污染；用转基因植物治理土壤重金属污染；用秸秆生产乙醇作为生物燃料等。

（1）堆肥化技术。

堆肥化就是依靠自然界广泛分布的细菌、放线菌、真菌等微生物，有控制地促进可被微生物降解的有机物向稳定的腐殖质转化的生物化学过程。通过堆肥处理，不仅可有效地解决固体废弃物的出路、解决环境污染和垃圾无害化的问题，同时也可为农业生产提供适用的腐殖土，从而维系自然界良性的物质循环。堆肥化的产物称为堆肥。堆肥是一种深褐色、质地松散、有泥土味的物质，其主要成分是腐殖质，氮、磷和钾的含量一般分别为 0.4%～1.6%、0.1%～0.4% 和 0.2%～0.6%。这种物质的养料价值不高，但却是一种极好的土壤调节剂和改良剂。Liu X Z 等（1996）研究了利用垃圾堆肥来降解农药的可能性，结果表明当垃圾堆肥的施用量达到 20%～40% 时，在温室里经过 4 个星期或实验室条件下经过 16 个星期，85% 的氟乐灵、100% 的丙草安和 79% 的胺硝草都能够被降解。实验结果同时显示：垃圾堆肥施用量与农药污染土壤的修复作用具有相关性。因此，堆肥不但可以减少生活垃圾造成的面源污染，还是处理农药污染的一种经济有效的方法。

生物技术在农业污染综合防治中的应用有：微生物治理水体富营养化污染、重金属污染、氰化物污染；生物有机肥料化改良和修复土壤；利用生物技术研制的微生物农药，预防土壤污染；用转基因植物治理土壤重金属污染；用秸秆生产乙醇作为生物燃料等。

（2）沼气技术。

发展以沼气为纽带的庭院式生态农业模式，将种植业、养殖业与沼气使用相结合以获得最佳的生态效应与经济效应，能有效地缓解农村人、畜禽粪尿给农村生态环境造成的压力。同时，沼渣和沼液还可以还田，能明显改善土壤结构，提高土壤肥力，减少由于施用化肥而造成的污染。另外，沼气发酵残留物还是一种很好的生物农药，能有效地防治农作物病虫害，并且不会像化学农药那样在环境中残留，污染环境。现已探明沼气发酵残留物对小麦、豆类和蔬菜蚜虫等 14 种农作物虫害和甘薯软腐病、小麦全蚀病、小麦赤霉病、玉米大小斑病等 26 种病害有明显的防治效果。

（3）应用光合细菌减少农业面源污染。

光合细菌（以下简称 PSB）是一类以光为能源，以 CO_2 和有机物作为碳源，以有机物、硫化氢、氨等作为供氢体而进行繁殖的原核生物的总称。由于 PSB 独特的生理生化特性使其在防治农业面源污染中具有广泛的应用前景。由于大多数 PSB 都具有生物固氮的能力，能提高土壤的肥力、促进植株生长、降低土壤氮素的流失和污染、减少氮肥的施用量，因此 PSB 可以作为生物肥料；PSB 中含有抗细菌、抗病毒的物质，这些物质能钝化病原体的致病力、提高作物的抗病力，从而减少化学农药的施用量，因此 PSB 可以作为生物农药；PSB 富含蛋白质、辅酶 Q10、多种维生素、抗病毒物质和生长促进因子，因此 PSB 可以作为一种清洁的具有生物活性的饲料添加剂，促进畜禽生长并且增加禽畜的免疫力和抗病力；PSB 还可以用来处理畜禽养殖业及水产养殖的废水。

（4）基因工程为主导的近代污染防治生物技术。

生物技术包括构建降解杀虫剂、除草剂、多环芳烃化合物等高效基因工程菌。利用生物杂交、生物遗传技术培养出高产、抗病、固氮的作物，可以减少化肥、农药的施用；另外，还可以通过杂交育种技术培养具有特殊降解、吸收能力的植物、微生物等，利用它们吸收过滤地表径流、净化污水。

120."3S"技术在农业污染综合防治中有哪些应用？

"3S"技术是全球定位系统（GPS）、遥感技术（RS）和地理信息系统（GIS）3项技术的融合与应用。利用"3S"技术提供的丰富的分析功能可以摸清农业污染强度的空间分布，查询哪个地区污染最为严重、严重程度如何，进而提出农业污染综合防治措施。

地理信息系统（GIS）

遥感技术（RS）

"3S"技术是全球定位系统（GPS）、遥感技术（RS）和地理信息系统（GIS）3项技术的融合与应用。

（1）GIS 的应用。

在农业污染研究中利用 GIS 进行数据管理是一个很基本的应用。在杭州西湖流域非点源污染研究中，应用 ARC/INFO 初步建立了西湖流域非点源污染信息数据库，结合数字化地形图生成了西湖流域的数字地面模型（DEM），为西湖流域非点源污染的深入研究提供了基础数据平台。应用 GIS 进行模拟计算并输出有关专题图也比较普遍。GIS 的应用最多的则是与诸多污染模型结合，建立各种预测评价信息系统，进行危险区域识别和预测，以及对采取治理措施后的效果进行评价。具体应用中可选择不同评价方法进行单要素或区域综合预测评价，自动完成评价因子的分析、计算、评价和评价成果的输出，加快预测评价工作进程。并应用不同的 GIS 软件，分别与 AGNPS、GLEAMS 模型结合，对采取某些治理措施后的效果进行评价。

（2）RS 的应用。

RS 可实时、快速地记录大面积流域的空间信息及各种变化参数，提供精确的定性和定量数据，并能对各种信息进行定量分析、动态监测和自动成图，已成为目前非点源研究中获取流域各种信息的主要手段。RS 与 GIS 的研究对象都是空间实体，RS 着眼于空间数据的采集和分类，是 GIS 重要的信息源和数据更新手段；GIS 侧重于空间数据的管理分析，是 RS 信息提取与分析的重要手段。RS 和 GIS 最早的结合工作包括把遥感图片经目视判读和处理后编制成各种专题图，然后将它们数字化后输入地理信息系统，形成数字地图。GIS 与 RS 结合后，通过 RS 图像可在较大的范围内调查区域土地利用现状、植被覆盖、水土流失的分布、面积及程度，可以准确、快速、连续地提出区域水土流失的主要指标，进而为 GIS 提供实效性强、准确度高、监测范围大、具有综合性的数据源，有助于 GIS 数据库的及时更新，确保系统的现势性,特别在污染监测方面具有其他类型数据所无法比拟的优越性。

（3）GPS 的应用。

GPS 具有精度高、速度快、全天候、自动化程度高等优点,可对数据采集点、污染源监测点和遥感信息中的特征点进行实时、快速的精确定位,并提供地面高程模型,以便形成信息层进入 GIS。GPS和 GIS 的结合,极大地拓宽了 GIS 的应用范畴,也彻底改变了有关专题图在传统制作上手工绘制、成图慢、精度低、投入高的缺点。考虑到 RS 的成像原理、图像的分类方法本身固有的误差和其他误差的影响,使得遥感判读的区域界线不很明确,因此 RS 与 GPS 结合能够精确地确定水土流失的区域边界。

121. 生态修复技术在农业污染综合防治中有哪些应用？

生态修复技术在农业污染综合防治中的主要应用有:合理施用化肥,施用生物有机肥;秸秆还田;调整作物种植结构,筛选重金属低积累作物品种和耐性作物品种,种植有较强吸收力的植物来降低土壤有毒物质含量;深耕深翻;控制土壤水分以及施用石灰等修复措施。

122. 污水灌溉技术在农业污染综合防治中有哪些应用？

污水中含有大量的水肥资源,污水灌溉技术利用了土壤对污水的净化作用,通过此项技术,土壤能够获取污水中的腐殖质,有利于改良土壤,而且能够减轻水体的污染负荷,有利于保持良好的生态平衡，土地处理后的水资源可再生利用，提高了水资源的利用效率。

污水中含有大量的水肥资源，污水灌溉技术利用了土壤对污水的净化作用，通过此项技术，土壤能够获取污水中的腐殖质，有利于改良土壤，而且能够减轻水体的污染负荷，有利于保持良好的生态平衡，土地处理后的水资源可再生利用，提高了水资源的利用效率。

（1）提供灌溉水源。污水灌溉能满足农作物的需水要求，已成为干旱、半干旱地区的稳定灌溉水源。

（2）提高土壤肥力。污水中含有大量的各种营养元素，如氮、磷、钾、铜、锌等，这些营养元素能被作物吸收和利用，可以节省大量的化肥和有机肥，土壤中含有大量的微生物，污水中含有的碳水化合物、蛋白质、脂肪等在酶的作用下可被分解氧化生成营养物质，微生物吸收营养物质可促进土壤结构的改善。除此之外，污水灌溉能改善土壤物理性质、增强土壤微生物活性、增加作物产量等。研究结果表明：利用污水对玉米进行灌溉时，其灌水量、灌溉水质以及施肥与否对玉米的株高、产量等影响较小；而对冬小麦，利用污水灌溉对其生长会有一定的促进作用，可提高其产量。

（3）净化污水。利用各种作物、土壤表面和土壤基质进行污水净化的技术已得到了大量应用。由于土壤具有物理过滤、物理吸附和物理沉淀、化学反应和化学沉淀、微生物代谢及有机分解的能力，因而污水中的许多有害物质（如重金属、悬浮颗粒等）能被土壤截留过滤并生成难溶态物质；一些悬浮的有机固体和难溶的有机质将被微生物分解。目前，一种与作物灌溉相结合的土壤改良、污水再利用的过滤技术（简称 FILTER 系统）充分利用了土壤的净化能力，避免了因污水灌溉而造成的土壤退化，并能将土壤中的污染物过滤，同时它采用了合理的排水系统，因而土壤的水力性能没有发生较大的变化。该技术既利用了污水资源进行灌溉，同时又对污水进行了处理。因此，采用合理的污水灌溉技术和管理制度可充分利用污水资源，而不会对农田土壤环境造成重大影响。

123. 温室气体减排技术在农业污染综合防治中有哪些应用？

温室气体减排技术通过提高能源效率、发展新能源、二氧化碳捕集和封存技术减少农业生产中的碳排放，包括：

减少动物肠道发酵甲烷排放的技术对策：①推广秸秆青贮、氨化，减少单个动物甲烷排放；②通过日粮合理搭配，降低单个动物甲烷排放量；③使用多功能舔砖或营养添加剂减少甲烷排放。

减少稻田甲烷排放的技术对策：①推广间歇灌溉；②利用沼渣

代替农家有机肥；③ 种植和选育新的品种。

减少畜禽粪便甲烷排放的技术对策：① 建设沼气工程回收利用甲烷；②将湿清粪改为干清粪；③通过覆盖等改变粪便储存方式。

减少农田氧化亚氮排放的技术对策：①测土配方施肥，提高氮肥利用率；②采用缓释肥和长效肥料；③施用硝化抑制剂。

农业污染防治

NONGYE WURAN FANGZHI

ZHISHI WENDA

知识问答

第七部分
公众参与

124. 农业污染对农民的生产生活有什么影响？

（1）农业污染首先损害了农民的生产和生活环境，引起对耕地、湖泊、河流和大气等农业生态系统的损害与破坏。农业生产过程中不合理使用的农药、化肥和农膜，或不当处理的畜禽粪便，以及秸秆焚烧等污染，都将导致农民生存环境恶化和经济收益下降。

（2）农业污染也会影响农民自身的健康。例如，环境中的农药可以通过呼吸道和皮肤进入人体，或通过污染饮用水，对人体造成急、慢性毒害。同时，农业污染也会危及农产品质量安全，影响消费者健康。另外，秸秆焚烧造成的大气污染还会引发呼吸类疾病。

影响农民的身体健康

损害了农民的生产和生活环境

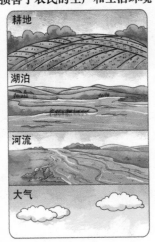

农业污染对农民的生产生活有什么影响？

125. 农业污染的影响是否只与农民有关？

农业污染不仅影响农民的生产生活，而且也会直接或间接地影响城镇居民的生活。

农业污染会同时影响农村和城镇居民的身体健康。

农村每年直接焚烧掉的农作物秸秆和农村普遍使用的高硫煤严重地污染了大气环境，损害着人们的身体健康。

农业污染直接或间接地影响城镇居民的生活。

农产品的质量安全与消费者健康密切相关。

（1）农业污染会同时影响农村和城镇居民的身体健康。农业污染所造成的水体污染，会造成整个流域内饮用水出现安全问题，将影响所有居民的生活。

（2）农产品的质量安全与消费者健康密切相关。如果农业污染导致了农产品安全隐患，必然危害消费者的身体健康。

（3）农村每年直接焚烧掉的农作物秸秆和农村普遍使用的高硫煤严重地污染了大气环境，损害着人们的身体健康。

因此，农民和城镇居民都应该提高环境保护意识，主动参与农业污染防治工作。

126. 公众如何了解、知晓并参与农业污染防治？

公众要从意识层面提高对农业污染的认识，以意识影响行动。具体而言，公众（包括生产者和消费者）应该积极参加各单位或组织开展的关于环境保护、农业污染防治方面的宣传教育活动，或通过报纸、广播、网络等各种媒体学习相关知识，了解农业污染产生的主要

原因和防治措施，努力转变生产生活方式。

公众还应该学习与环境保护、农业污染防治有关的法律法规和政策，一方面规范和约束自己的行为，另一方面还应主动参与监督和管理工作。例如，农产品消费者（农民、当地居民等）如果发现农业污染问题或农产品安全问题，应及时举报或投诉，以倒逼生产管理方式的规范化；若发现大规模秸秆焚烧等违规情况，也可以及时劝阻或向地方相关部门反映。

127. 农民该怎样做才有利于田园清洁？

治理农业面源污染，关键是提高认识、加强对农民群众的宣传培训。通过让广大农民群众认识到污染的危害、改变农业生产方式，主动参与农业面源污染控制工作。

如在土壤培肥方面，应科学用肥，按需施用；在病虫害防治方面，应积极推广病、虫、草害综合防治措施，尽量使用生物农药或高效、低毒、低残留的农药；对于农膜、秸秆等方面的污染，农民群众需要通过改变生产和回收方式来减少污染，如利用秸秆替代农膜、改变作物收获后揭膜的习惯做法、回收利用秸秆制作有机肥料、沼气和无土栽培基质等方法。

128. 什么是农业清洁生产？

农业清洁生产是以控制污染为核心的生产概念，强调从源头抓起、以预防为主的生产方式。

具体而言，农业清洁生产包含两个全过程控制、两个目标和三个方面内容。其中两个全过程控制是指农业生产的全过程和农产品生命周期全过程，在这两个过程中，都应该采取必要的措施预防和控制污染物的产生。两个目标是指实现农用资源的合理利用、降低农业生产给人类和环境带来的风险。三个方面的内容是指通过清洁的投入、清洁的产出、清洁的生产过程三个方面的污染控制来降低农业生产污染对环境和人类的危害。

129. 农业清洁生产的主要措施是什么？

农业污染以面源污染为主，很难采用末端治理方式进行治理。

因此，应该推广农业清洁生产措施。目前已有的"有机农业""绿色农业""生态农业""无公害农业"等农业生产模式提供了可借鉴的技术途径和方法。

农业清洁生产的主要措施包括严格农产品产地源头控制，清洁施肥和使用清洁肥料，推广病、虫、草害综合防治技术，合理使用农膜，推进秸秆、畜禽粪便等有机物的资源化利用，提高灌溉效率以及清、捡田间废弃物等。通过农业清洁生产可有效解决农业污染问题，是农业可持续发展战略的基础措施之一。

130. 怎么理解农业可持续发展？

农业可持续发展是一门正在发展与完善的学科，是介于哲学、科学决策学、生态学、系统学、农作制度、生物工程、信息科学、农村能源工程与管理等学科范畴的学术思想潮、社会思潮和历史思潮。农业可持续发展不是一项具体的农业措施，而是一种以可持续发展观为指导的农业长远发展战略。对于我国和广大发展中国家来说，农业可持续发展的核心就是要在合理利用资源和保护人类赖以生存的环境的前提下发展农村经济，在发展中解决好人口、资源和环境等问题。

131. 我国农业可持续发展战略有哪些基本内容？

农业可持续发展是"政府调控行为、科学技术能力、社会公众参与"三位一体的复杂系统工程。为了我国农业的长久健康发展，我国已将农业可持续发展战略列为基本国策。

2014 年"中央一号文件"提出：建立农业可持续发展长效机制，逐步让过度开发的农业资源休养生息，强调要促进生态友好型农业发展，加大生态保护建设力度，将我国过去过分强调粮食产量的政策转变为以调整农业结构、增强农业可持续生产力为核心的政策。

政府调控行为

科学技术能力

农业可持续发展是"政府调控行为、科学技术能力、社会公众参与"三位一体的复杂系统工程。

社会公众参与

132. 消费者对农业污染防治应采取哪些行动？

农业污染防治内容复杂、涉及面广，它不是农民自己能解决的问题，单靠环境保护机关和少数人也是不行的，在我国现阶段的情况下，必须依靠各级政府对环境保护工作的政策支持、引导和监督，以及各行各业和广大公众的共同努力。

（1）消费者应增强自身的权利意识。首先应借助法律的力量保证自己的知情权，督促政府公开环境信息，把环境质量状况、污染源污染物排放、污染事故及处置、环境决策的信息全面公开化。同时可以借助当地环保组织的力量跟踪环境违法行为，借助媒体的力量曝光环境违法行为，对环境污染和生态破坏者施加压力，产生强大的约束作用。

增强自身的权利意识

主动转变生产、生活方式

绿色果蔬

消费者对农业污染防治应采取哪些行动？

（2）消费者应主动转变生产、生活方式。现代社会中每个人既是生产者，也是消费者。过度的消费无形中消耗了地球上有限的资源，间接地造成了农业生产污染。因此，大家应以健康、安全、品质为导向，追求生态文明的生活方式，如更多地选择有机、绿色等环境友好型农产品，不仅有利于自身的健康，也有利于农业污染控制，同时还能通过市场行为促进农业生产方式的转型升级。

书号：
978-7-5111-2067-0
定价：18 元

书号：
978-7-5111-2370-1
定价：20 元

书号：
978-7-5111-2102-8
定价：20 元

书号：
978-7-5111-2637-5
定价：18 元

书号：
978-7-5111-2369-5
定价：25 元

书号：
978-7-5111-2642-9
定价：22 元

书号：
978-7-5111-2371-8
定价：24 元

书号：
978-7-5111-2857-7
定价：22 元

书号：
978-7-5111-2871-3
定价：24 元

书号：
978-7-5111-0966-8
定价：26 元

书号：
978-7-5111-2725-9
定价：24 元

书号：
978-7-5111-0702-2
定价：15 元

书号：
978-7-5111-1624-6
定价：23 元

书号：
978-7-5111-2972-7
定价：23 元

书号：
978-7-5111-1357-3
定价：20 元

书号：
978-7-5111-2973-4
定价：26 元

书号：
978-7-5111-2971-0
定价：30 元

书号：
978-7-5111-2970-3
定价：23 元

书号：
978-7-5111-3105-8
定价：20 元

书号：
978-7-5111-3210-9
定价：23 元

书号：
978-7-5111-3416-5
定价：22 元

书号：
978-7-5111-3139-3
定价：23 元

书号：
978-7-5111-3138-6
定价：24 元

书号：
978-7-5111-3247-5
定价：23 元